前橋学ブックレット 30

大久保佐一と組合製糸群馬社

上毛新聞社

BOOKLET

目　次

はじめに

【1】原富岡製糸所の「技術革新とシルクの大衆化」　4
【2】大正・昭和初期の優等糸・高格糸の生産　5
【3】組合製糸の刷新と群馬社の創立・展開　6

第１章　アメリカ絹業における女性用靴下生産と高格糸

第一節　アメリカ絹業における生糸需要の変化　10
第二節　近代的格付検査法の成立　12
第三節　高格糸の生産技術　15

第２章　組合製糸南三社の刷新と優等糸、高格糸への対応

第一節　南三社を中心とする優等糸、高格糸生産の状況　20
第二節　南三社の刷新問題と組合製糸発展の「２つの道」　26

第３章　原合名会社製糸部 — 富岡製糸所と製糸所経営の概況

第一節　原合名会社製糸部と富岡製糸所　33
第二節　大久保佐一の製糸経営挑戦 — 日本蚕糸業の躍進期　37

第４章　原富岡製糸所の経営・技術革新 — 大久保佐一の経営手腕Ⅰ

第一節　特約組合の設立と経営・技術革新　39
第二節　一代交雑種の導入と蚕種の統一　41
第三節　御法川多条繰糸機の導入と一層の高品質生糸の生産　43

第５章　組合製糸群馬社 — 大久保佐一社長の経営手腕Ⅱ

第一節　組合製糸群馬社の創設と経営　46
第二節　日本蚕糸業の改革と展望　53

まとめ　58
あとがき　61

〈参考・引用文献〉　62
創刊の辞　64

はじめに

【1】原富岡製糸所の「技術革新とシルクの大衆化」

大久保佐一

1927年（昭和2）創立の有限責任販売組合群馬社（以下組合製糸群馬社）は、単体の組合製糸（組合員数、施設規模等）としては日本一の規模であり、その初代社長に原富岡製糸所の大久保佐一所長が兼務で就任した。

本書は、なぜ群馬社がこの時期に突然創立されたのか。原富岡製糸所の大久保所長とは一体どの様な人物で、なぜ、著名な営業製糸所長が組合製糸社長を引き受けたのか、このような疑問から執筆した。当時の時代背景や社会・経済的環境を出来るだけ客観的に整理し、大久保社長の立場や群馬社の位置づけを明確にすることでこの課題を考察してみたい。

さて富岡製糸場の世界遺産登録では、その存立意義を評価基準に照らし、世界遺産的普遍的価値について次のように示している。

評価基準の（ii）「建築、科学技術の発展に重要な影響を与えた、価値観の交流を示すもの」（＝技術移転・技術交流）。同（iv）「歴史上の重要な段階を物語る建築物、科学技術の集合体、あるいは景観を代表する顕著な見本」（技術革新・シルクの大衆化）に該当するとの視点から、世界史的普遍的価値が正当に評価された（注1）。

富岡製糸場は、創業以来、官営時代も含め民営化された三井家、原合名会社、片倉製糸工業の各時代を経てきたのであるが、常に日本を代表する優等糸、高級糸の生産を維持してきた。特に原富岡製糸所時代の経営・技術革新の取り組みでは、群馬県と大きな関わりや影響を持ったと思われる。

この時期は日本蚕糸業の著しい発展と大変革期であり、「技術革新・シルクの大衆化」の言葉に象徴されるが、それは原合名会社の時期、すなわち1902年（明治35）から1938年（昭和13）の36年間と重なっている（注2）。

原合名会社時代には、富岡製糸所は県内の蚕糸業関係者らと緊密に連携・協力し蚕糸業の経営・技術革新に取り組んでおり、北関東地域で最も輝いた時代である。当時の経営責任者大久保佐一所長（1909～33年）は、その中心にいて持ち前の才覚と能力を発揮すると共に多くの課題を解決してその功績は大きい。また群馬の蚕糸業史においても、1927年（昭和2）には組合製糸群馬社の初代社長に就任、その創立とその後経営基盤の確立や発展に貢献しており、そこには彼の洞察力や経験・実践力が刻まれている。

大久保の活躍の背後には、原合名会社社長原富太郎がいて、彼の経済理念や経営方針、蚕糸業の振興や輸出事業等への貢献と一体性のものと考える。また同社先輩の前田健次名古屋製糸所長の愛知県や蚕糸業界での活躍の影響を強く受けている（注３）。

【2】大正・昭和初期の優等糸・高格糸の生産

戦前における日本蚕糸業の生産力の量的・質的発展、技術の総合的発展を考察する場合、アメリカ絹業の展開との関係が重視される。特に大正・昭和初期の蚕糸業の生産力・技術の発展とその画期を、織物用の普通糸・優等糸から、女性靴下用の高格糸（シルクの大衆化＝実際は超高級糸）の格付と関連させてその技術構造を分析・考察することは、極めて有意義と考える（注４）。

日本生糸の輸出量は、1905 年（明治 38）にイタリアを、09 年（明治 42）に中国を追い越して量的には世界第一となる。その中心的な輸出国はアメリカであり、この時期アメリカ絹業の成長は目覚ましく、優等糸（経《たて》糸）の評価の高いイタリア、フランス産生糸や、比較的安価で手頃な普通糸（緯《よこ》糸）に日本産生糸が、これとほぼ同格な中国産生糸（上海器械製糸等一部優等糸も含む）が競争関係にあった（注５）。

1910 年代、明治末・大正期には、日本蚕糸業は、一代交雑種の普及による優良繭の確保や製糸法の改良（煮繭・繰糸分離や沈操法の導入）で、普通糸から「抱合佳良で強伸力に富む」優等糸への生産技術の確立が図られた。織物用生糸では、普通糸（緯糸）から優等糸（経糸）への飛躍であり、アメリカ絹業の優等糸の要望に応え、輸出国間の競争では日本産生糸はイタリア産優等糸に代わり輸出量を増大し、その割合は 60%以上を占めるに至る（注６）。

さらに 1920 年代、大正末・昭和初期に米国では薄物、女性用フルファッション靴下（以下女性用靴下）のための高格糸（高級糸）の需要が増大、これには多条繰糸機（半沈繰法）の導入、蚕種の改良統一、飼育法（上蔟《じょうぞく》法）の改善等により、従来の生産技術の水準は格段に高められ中国を引き離し、日本生糸の割合は 80%を超えて独占時代を形成した（注７）。

女性用靴下の生産では、編み物用の糸条斑や纇節《らいせつ》の極めて少ない高級細糸（規格は太糸区分＝14d（デニール）中の２A 格以上）を大規模営業製糸や一部組合製糸が製造、戦前期の日本の製糸技術は最も高い水準へ到達したと考える。

片倉製糸は普通糸から優等糸へ、さらに高格糸へ連続的な技術革新を進め量的・質的経営転換を図った代表的な事例であり、その取り組みは大変興味深いところである（注８）。さらに製糸業界全体の競争はますます激化し、昭和恐慌後は高格糸の生産をめぐって郡是製糸も多条繰糸機の独自開発や優良品種の開発に総意を傾け、蚕糸業の２大独占の確立期を迎えた（注９）。

ここで生糸の品質検査と糸格について生産力視点から触れてみる必要がある。従来、日本生糸の品質や格差・格付は、製糸家が販売の際に生糸に表示した商標を、横浜市場で売込問屋等の肉眼検査により普通糸や優等糸等に経験的にランク付けし取引されてきた。しかるに大正期には、これとは異なる国際的に通用する客観的で厳格な糸格の表示法がアメリカから求められた（注10）。

大正中期頃から日米両国を中心に国際的な糸格表示の交渉は進められるが、その協議の結果を日本蚕糸業は基本的にこれを受け入れた。それは生産力の量的・質的にも戦前期の最高水準に到達した時期で、日本蚕糸業の技術的自信を表すものであった（注11）。

1927年（昭和２）輸出生糸検査法が制定され、同年輸出用生糸の正量検査（水分検査）が施行され、さらに32年には同法が改正され輸出用生糸の強制格付検査が実施された。この実施過程で糸格は、従来普通糸の標準格とされていた信州上一番が新しい格付のＤ格となった（注12）。

生糸価格は著しく乱高下したが、いわゆる２Ａ格以上の高格糸には高いプレミアムをつけて取引された。ちなみに新しい生糸の格付は３Ａ、２Ａ、Ａ、Ｂ、Ｃ、Ｄ、Ｅ、Ｆ、Ｇの９等級であった。特に注目されたのがセリプレーン使用（黒い板を背景に視力による糸質検査）による糸条斑と纇節の検査であった。

創業以来、富岡製糸場は郡是製糸や室井製糸等と共に優等糸生産の代表格であり、さらに高格糸の生産安定を目指していた。

近年の蚕糸業研究では、女性用靴下向けの高格糸は、製糸家と養蚕農家、蚕種家の技術連携による総合的技術革新の成果であると評価されるが、大久保はいち早くこのことを鋭く指摘している（注13）。

【３】組合製糸の刷新と群馬社の創立・展開

群馬県では、明治の初めに県西部養蚕農民により碓氷社、甘楽社、下仁田社など組合製糸（南三社）の結成がみられたが、そこでは農家が自家産繭の座繰製糸に取り組み、その共同揚返しにより糸質を揃えて横浜で共同販売したところ、従来より高価に販売することに成功した。1910年（明治43）には、南三社は産業組合法の改正に基づき組合製糸の連合会として実態に即して組織再編が行われ、その結果、県中部地域や広く県外にも進出し隆盛を誇った（注14）。

大正期には、碓氷社等南三社では座繰から器械製糸への技術革新が進み、従来の経営方式「原料繭持寄制」から、新しい経営方式「原料繭受付制」への転換が図られ、地域（各組）の拠点工場で専門的に糸を挽く工女を雇い器械製糸・揚返しを行い糸質の均一化や質的向上、普通糸（信州上一番格）から優等糸（矢島格以上）、高格糸（2A格以上）へ技術向上が目指された（注15）。

長野県伊那地方では、明治末・大正期に誕生した組合製糸が最初から器械製糸を導入し、養蚕農民を供繭組合に組織化した組合製糸の活躍が見られ、優等糸、高格糸の生産に成功して、大正・昭和初期には比較的良好な業績を上げている事例が近年報告（注16）されている。

大正期以降、1914・15年（大正３・４）、20年（大正９）の経済恐慌では、生糸価格は暴落し中・小製糸家や養蚕農家は、価格の暴落で大打撃を受け経済的な苦境に度々陥っており、その効果的な対策が国・県に強く求められていた。

この状況に危機感をもった群馬県は、南三社等組合製糸に性急（やや強引）ともいえる刷新や合併を指導した。これに対し組合製糸内部や南三社間では再三にわたり協議が重ねたが、進展はあまり見られなかった（注17）。

その一方で、1926年（大正15）12月県会の「養蚕農家の救済に関する建議書」が決議され、百済文輔知事の英断により新たに県央に、群馬・勢多・佐波郡を対象とする地域に、組合製糸群馬社の創立が決まった（注18）。

群馬県知事の百済文輔は、原富岡製糸所の大久保佐一所長に注目し、新たな組合製糸群馬社の社長に就任するよう再三説得に努めた。その結果大久保佐一は、一定の条件付きで社長の就任を受諾した（注19）。

大久保は、初代群馬社社長として就任すると、短期間に日本一の組合製糸群馬社を創設し（注20）、その経営を軌道に乗せることに成功する。

本書では、先に触れたように、なぜ日本を代表する営業製糸の経営者である大久保佐一が、日本蚕糸業の大変革期にあり関東大震災や経済恐慌にも度々遭遇する大変困難な時期に、群馬社の社長を引き受けたのか、その経営的展望をどの様に描いていたのかを考察したい。あわせて碓氷社をはじめとする組合製糸南三社の刷新、その後の統合・展望にも触れてみた。

注

（1）世界遺産の評価基準（ⅱ）（ⅳ）、群馬県『富岡製糸場と絹遺産群』2014年。

（2）富岡製糸所の高格糸（高級格生糸）生産と技術評価について、一代交雑種と特約組合、繰糸法と多条繰糸機、蚕の飼育法改良等について。田中修「原富岡製糸場の経営・技術革新—大久保佐一所長の理論と実践」『富岡製糸場と群馬の蚕糸業』高崎経済大学地域科学研究所編、2016年参照。

（3）原富太郎、大久保佐一、前田健次の関係、藤本實也『原三溪翁伝』2009年。平野正裕「原富太郎と日本蚕糸業の発展」『郷土神奈川』58号2020年参照。

（4）蚕糸業の生産力・技術の質的発展について。嶋崎昭典「吾が国の蚕糸業の変遷とこれからの生きる道」『製糸夏季大学50周年記念誌』1997年。

（5）1900年頃の米国絹業と関係国の競争、イタリア、フランス、中国、日本の競争関係について、石井寛治『日本蚕糸業分析』1972年参照。

（6）煮繭法の改善や繰糸鍋の改良で「1904年には信州産生糸は既にセリシン含有量を高め、品質が向上していた」と大野は説く。しかも4条繰糸機で行い糸目（原料生産性）と繰目（労働生産性）を高めたことに繰糸技術の革新性が見られ、米国市場で信州産生糸の信用が高まった。大野彰「アメリカ市場における日本産生糸が躍進した理由」『京都学園大学経済学論集』19巻2号2013年。

（7）清川は戦前の日本蚕糸業の高い競争力要因は、技術普及にあるとし、西欧からの技術移入、多条繰糸機の開発、一代交雑種の実用化並びに夏秋蚕等多回育の普及を指摘。清川雪彦『近代製糸技術とアジア』2009年、79～114頁。

（8）片倉製糸の事例、普通糸から、優等糸、高格糸への技術的発展について、嶋崎昭典『前掲書』。片倉製糸の特約組合と多工場経営について、松村敏『戦間期日本日本蚕糸業史研究』1992年参照。

（9）多条繰糸機の導入と独占の形成について。小野征一郎「製糸独占資本の確立」、安達良雄編『両大戦間の日本資本主義』1979年参照。また片倉・郡是の独占的利潤の詳細な分析について昭和恐慌期に多くの製糸が倒産没落に遭う中で郡是・片倉両製糸は、急速に高格糸生産を推進し、靴下用白14d中と織物用21d中高格糸の両市場の独占を達成した。両製糸は靴下用白14d中高格糸の生産集中によって多額のプレミアムを生み出し、独占利潤を獲得する。昭和恐慌期以後、「白14中高格品の黄金時代」を迎えるもののスリーキャリヤー（高性能編機）の普及や国内での多条繰糸機の普及、蚕品種の改良、特約取引の増加により、糸格別格差の縮少などで、1930年代後半高格糸の受難時代となる。これに対して郡是は「スペシャル3A格中心主義」に、片倉は3A- 2A格「経済」繰糸を掲げそれぞれ強固な市場競争力を保持した。高梨健次「1930年代の片倉・郡是の高級糸市場における地位」『土地制度史学』128号1989年年参照。

⑽ 従来の格付形成と強制格付検査の実施過程の混乱について。上山和雄『日本近代蚕糸業の展開』2016年 第1章参照。

⑾ 格付評価と日米交渉の経過。米山達雄「生糸品質評価法の解析（第3報）」『蚕糸研究』第112号1979年。

⑿ 生糸格付検査の変遷、1927年7月輸出生糸検査法施行、正量検査の強制。32年1月同法施行規則改正による強制格付検査の実施では糸条斑が重視され、35年7月同法施行規則改正では主に纇節が重視された。末次幸雄「総合抄録・生

糸格付検査の変遷」日本蚕糸学雑誌第23巻第2号。

⒀ 高格糸の生産で問題となる糸条斑と類節について、大久保の指摘に注目する。田中修、前掲『富岡製糸場と群馬の蚕糸業』2016年。

⒁ 産業組合法の改正による南三社の実態に即した組織改正の実施、馬場光三『群馬県産業組合史』1950年 31頁。

⒂ 組合製糸下の養蚕農家の経営方式、田中修『稲麦養蚕複合経営の史的展開』参照。明治の組合製糸と大正期の組合製糸の違いは、明治の組合製糸では、養蚕農家の経営方式は、春蚕＋座繰（自家繭加工）、共同揚返し・共同出荷。大正期・昭和では農家経営方式は、養蚕（春蚕＋夏秋蚕）＋稲麦作の複合経営、直営工場（供繭組合を通して繭加工販売）で、製糸は農家から分離する。

⒃ 長野県上伊那の組合製糸龍水社の優等糸・高格糸生産について、大島は同地方の組合製糸について、2大独占資本に先行する高格糸生産の担い手と論ずるが、根拠となる官庁統計による目的糸格調査の数値に問題ありと平野は指摘する。大島栄子「1920年代における組合製糸の高格糸生産『歴史学研究』486号。平野正裕「1920年代の組合製糸」「地方史研究」28巻2号。下伊那の天竜社について、田中雅孝『両大戦間期の組合製糸』2009年、上山和雄『日本近代蚕糸業の展開』2016年、第6章参照。

⒄ 組合製糸南三社の刷新について、『安中市史』第2巻第3編第5章。『群馬県蚕糸業史』上巻参照。

⒅ 群馬県会の決議について『群馬県議会史』第四巻1956年1894頁。

⒆ 大久保社長就任の条件と群馬社の躍進、本書5章、前掲『群馬県議会史』1894頁。『前橋市史』第5巻1984年1584～1605頁。

⒇ 大久保佐一の思い。田中・前掲『富岡製糸場と群馬の蚕糸業』第9章第三節参照。

第１章　アメリカ絹業における女性用靴下生産と高格糸

第一節　アメリカ絹業における生糸需用の変化

生糸の格付と普通糸、優等糸、高格糸　　開港以来、1860 から 70 年頃のアメリカ絹業は、主に先染め絹織物を生産していたので撚糸に加工しやすい日本産生糸（太糸）が必要とされた。また円中文助や速水堅曹らによる農家・製糸家への情報提供で、揚返しの際の綛《かせ》（外周約 1.5 m）や綾振りの改良により、撚糸に加工しやすい日本産生糸は米国絹業向けに出荷され輸出は順調に伸びた（注１）。

アメリカ生糸市場では、1900 年頃までは広幅織に使用され、日本産生糸のうち原富岡製糸や郡是製糸等一部は優等糸と評価され縦糸・経糸に、信州産に代表されるその他多くの日本産生糸は、普通糸として横糸・緯糸として使用された。競争国のイタリア、フランス産の生糸は優等糸として高く評価され、縦糸・経糸に使用されていた。中国産器械製糸（上海産含、量的には 1929 年がピーク）は日本産優等糸や普通糸の地位を脅かしていた（第１表、第２表）。

1910 年頃の米国生糸市場ではイタリア産生糸の減少が著しい。その要因は、日本産普通糸の代表格である信州製糸家の一部では技術改良が進められ、「繰糸鍋や煮繭法の改良により抱合佳良で強伸力に富む」優等糸の生産が可能となり、イタリア産生糸を米国市場から振るい落としたといわれる（注２）。

次に、1920 年代には、中国産生糸との競争では、アメリカでは女性用フルファッション靴下（以下女性用靴下）の流行が進み、編物用生糸の需要が増

第１表　米国の国別生糸輸入額　　単位：トン、%

年次	総輸入量	日本（倍）	中国	イタリア	フランス	日本	中国	イタリア
1890	2231	1160（0.55）	585	369	98	52.0	26.2	16.5
1900	4146	2113（1.00）	1039	831	146	51.0	25.1	20.0
10	10151	6299（2.98）	2436	1196	129	62.0	24.0	11.8
15	15001	10394（4.92）	3365	1155	58	69.3	22.4	7.7
20	13634	10389（4.92）	2712	504	15	76.2	19.9	3.7
25	28923	22537（10.67）	5085	875	111	77.9	17.6	3.0
30	33445	27178（12.86）	4482	1683	39	83.3	13.4	5.0
35	29169	27681（13.10）	1954	117	–	94.9	6.7	0.4
40	19770	15935（7.54）	3143	869	–	1.6	15.9	4.4

出典：中林真幸『近代資本主義の組織』の附表より作成。但しカッコ内数値は日本 1900 年＝1.00 とした。

第 2 表　アメリカ輸入生糸の用途推定（1908 年）

用途	日本糸	伊仏糸	中国糸
経糸	器械　飛切上　10% 器械　飛切り　15% 器械　関西上一番　25% 座繰　姫・5人娘　1%	60% 40%	上海器械
緯糸	器械　一番・一番二五　30% 座繰　五人娘・二人娘　9%		広東器械
縫糸	器械　一番格以下　10% 座繰　金紅葉各位か		柞蚕 七里糸

出典：石井寛治『日本蚕糸業分析』(1972 年)47 頁

大、これに日本産の高格糸（超高級糸）が使用された。中国産生糸は、これに適応できずアメリカ市場から大幅に後退、欧州市場では従来の消費量を維持し比較的健闘が見られた（注３）。

米国の生糸消費量に占める女性用靴下の消費割合は、第 3 表に示すように第１次世界大戦（1914 ～ 18 年）前後では 20%程度を占めていた。大戦後著しく増大し、昭和恐慌以後の 33 年には 48%、35 年に 60.3%、39 年には 81.2%を占めている。なお、この時期に織物用にはレーヨンが使用されるようになり、織物用生糸の需要の減少は、靴下用消費の拡大で調整が図られた（注４）。

女性用靴下の生産　米国の絹業においては靴下製造には２種類があり、女性用靴下（平編み）と男性用シームレス靴下（丸編み）があった（注４）。生糸の靴下消費の大部分が女性用靴下（平編み）で、その 88.6%を占め、シーム

第 3 表　米国における生糸の消費割合

俵（100 斤）、%

年度	全消費（A）	靴下用消費（B）	B/A（%）	女性用平編消費（C）	C/B（%）	備考
1928	549,000	120,000	21.8	ー	ー	③
1930	477,000	130,000	27.3	ー	ー	③
1932	549,000	130,000	23.7	ー	ー	③
1933	442,180	212,113	48.0	187,947	88.6	①
1934	473,830	227,791	48.1	204,637	89.8	①
1935	456,911	251,152	55.0	218,802	87.1	①
1936	483,742	291,588	60.3	247,604	84.9	①
1938	390,000	282,000	72.3	ー	ー	②
1939	357,000	290,000	81.2	ー	ー	②
1940	270,000	242,000	89.6	ー	ー	②

出典：馬場啓之助『蚕糸業の経済的分析』1950　原典：①Commodity Exchangee,Inc:Monthly Statistical Supplement to Daily Market Report,Raw Silk　②原典は 蚕糸局編　「渉外資料（一)」 ③永瀬順弘『桜美林論考』2010.3
注）１俵＝100 斤（60kg）

レス（マル編用・紳士靴下）には残り僅かに用いられた。

「平編靴下は 1925 年、26 年以来其の原料の９割以上生糸を使用し殊に最近の如く婦人衣服スカートの長短に拘らず靴下が単に被服の一部であるのみならず婦人の装身具として流行するに至るや 14 中生糸３本合乃５本合せを中心とする薄地靴下が重要部分を占め右の如き薄地靴下に於いては生糸の品質上の欠点が顕著に現はれ易く、且靴下機械の精巧と能率の増進するに従わせ、益々 14 中生糸の中でも高級生糸の需要者として我国生糸の消費の一大重要部門を成して居る」（注５）と、薄地靴下の流行に対応した日本生糸には、14d 中の高格糸（高級糸）が求められた。

第１次世界大戦後のアメリカ絹製品ブーム「シルクの大衆化」について「事務員や労働者は、おそらく一ポンド当たり九ドルの生糸から作った一〇ドルないし一五ドルの絹のワイシャツを着て得意になったし、タイピストたちは十分な食事もとらずに一足三ドルの絹靴下を買いたがる有様であった」（注６）。

第二節　近代的格付検査法の成立

売込問屋の格付検査　　従来、生糸輸出では、生糸の受け渡しの際、外国商社あるいは生糸輸出の内商（売込問屋）は、自己の肉眼検査によって生糸を買い入れ、自己の信用で品質を識別証明して海外に輸出していた。このような買方の一方的検査時代には、製糸家は自己の製品である生糸の品質に対する自己の主張は通らず、糸価低落の場合には既契約品の荷渡に際し、「拝見」（肉眼検査）で不合格として取引破談になり、押し値（値引き）をしなければならない状態で、常に売り方である製糸家は不利な立場に置かれていた。このような肉眼検査を尊重した時代は、明治期から大正初期に至るまでかなりの期間続いた。

生糸検査所や検査は、1750 年イタリア・トリノ市に初めて創設され、フランスでは 1843 年リヨン（私立）に、イギリスでは 1850 年マンチェスターにアメリカでは 1880 年ニューヨーク（会社）にそれぞれ検査所が設立され第三者による格付検査が行われていた。日本でも早期実施がアメリカ等から要望された。1895 年（明治 28）横浜と神戸に生糸検査所が設立され、96 年国立生糸検査所が設置され任意の器械検査が行われたが、検査事項は原量・正量・練減・品位等で、品位検査については再繰、繊度、節、強力伸度の４項目であった。器械検査の項目は、正量（水分含量）や繊度、強力・伸度、練減等、基本的な項目が検査の中心であった（注７）。

正量（水分）検査は原量を計り、そのあと 130 °C30 分程度乾燥し無水量を決定、これに公定水分率 11％量を加えて算定するもので湿度の多い日本では原料の２％ 以内は取引適格と認められたが、製糸側には不利であった。

繊度規定では、細糸 11d（デニール）以下、中細 11.5d ～ 13.5d 未満、太糸 13.5d ～ 17d 未満、特太 17d 以上の 4 種があり、後に米国輸出の中心となる女性用靴下の 14d 中は太糸、織物用の 21d 中は特太として扱われた。

これらの器械検査は、肉眼検査の不備を補う意味で荷主や売込問屋の依頼により行うもので、生糸品質評価の主根拠は、依然肉眼検査に置かれていた。

格付検査に関する日米交渉　大正中期以降、米国絹業が女性用靴下生産を指向するようになるが、以来米国絹業の要望により従来とは大きく概念の異なった品質評価法を取らざるを得なくなった。その実施過程では、いわゆる「格付インフレ」もみられ、従来の上位格のものの品質が下位のもののそれよりも劣っているなど、さまざまな市場の混乱が発生した（注８）。

以下、生糸格付検査法成立の経過をたどってみる。1918 年（大正 7）日米間で、生糸格付について国際交渉が開始されるが、米国は 1920 年、24 年と２度にわたり日本へ視察団を派遣し実態調査を行い、２年後の26年に報告書をまとめた。そこには糸条斑の定義やセリプレーン検査機の正式採用など、米国側の生糸格付に対する基本的立場（最低点主義など）が全て盛り込まれていた。

一方日本側の対応は、1924 年（大正 13）には従来の生糸検査所の任意検査を繊度別検査に改め、検査の厳格化を図り、26 年には輸出生糸検査法を制定し正量検査を義務付けて翌 27 年（昭和２） 7 月 1 日に施行した。そこではセリプレーン検査を含む新しい品位検査も任意検査として含まれた。同年４月には、国立生糸検査所及び絹業試験場では、生糸検査方法並びにサンプリングに関する研究が完了、格付方法も完了し格付検査概要が発表された。

1928 年（昭和３）、横浜で初の日米生糸格付技術協議会が開催され、ここでは日米間の格付検査の基本的な違い（米国は最低点主義、日本は総合点主義）が認められたが、翌年、ニューヨークで開催された第２回格付協議会において、両者の乖離《かいり》点は著しく減少した。なお、第２回技術協議会には、日本、米国の他、イタリア、フランス、中国、イギリス、カナダも出席し、国際生糸格付技術協議会となった。

輸出生糸格付検査法の成立と施行　1931年（昭和6）12月、日本では輸出生糸検査法が改正され、翌32年1月1日生糸検査規則の施行により、輸出用生糸の第三者格付（強制格付）による品位検査が実施された。当時の国際的な生糸格付問題を考えると、画期的なことであった。

この方法の概要は、品位検査として肉眼検査と器械検査からなり、器械検査には再生検査、繊度検査（平均繊度、繊度偏差）、糸条斑検査、大中節検査、小節検査、強力伸度検査、抱合検査があって，格付は総合点格付である（注9）。

主な格付検査項目については、以下に示すとおり。

●格付方法（総合点・以上）

・糸格の等級：3A（88.0以上）、2A（85.5）、A（83.5）、B（81.5）、C（80.0）、D（77.0）、E（72.0）、F（67.0）、G（67.0）の9等級。（3A格中総合90点以上を特別3Aと呼ぶが、独立した格ではなく、3A格中の小部分である。後に独立する）

・総合点の算出方法：糸状斑平均40%、糸状斑劣等30%、小節20%、大中節10%の乗率を掛け合計して総合点とする。

●検査方法の概略

・糸条斑検査：糸条斑とは「セリプレーン検査版に巻かれた糸条の太さが肉眼によって容易に識別し得る程度に変化して縞となった部分」をいうのであって、糸条斑検査は繊度糸（450m）とほぼ同糸長内における糸条斑の程度を肉眼によって検査する。

・小節検査：小節の種類はコケ節、わ節、けば節、小つなぎ節、小びり節、小ぬか節、及び上記の節に類似のものに分類される。検査は糸状斑と同じく100パネルについて小節標準写真と比較採点して、その平均点で成績を表す。

・大中節検査：大中節区分は、大節はもつれ節、大ずる節、よりつけ節、大びり節に、中節は小ずる節、中つなぎ節、中びり節、大わ節、さけ節とする。検査は100パネル中に存在する種類別個数を表示し、大節1個に0.4点、中節1個につき0.1点を乗じ合計失点を100点から差し引いて大中節成績とする。

以上、セリプレーン使用による糸状斑、類節の徹底した総合チェック管理による靴下製造用のための高格糸の検査体制が確立、それは日本蚕糸業の技術レベルの高さを示す自信の表れでもあった。

「生糸にとって過酷とも思われる検査条件に日本蚕糸業界が異を唱えることもなく順応し、ひたすら高格パスできる生糸の生産に努力し、逐年高格生糸比率を高める結果をもたらしたのは、わが国製糸技術、あるいは蚕品種の改良育成の効果を筆頭に、当時の日本蚕糸技術そのものの賞賛されるべき業績であった」と考えて良いだろう（注 10）。

このことに反対したのは横浜の生糸問屋であり（注 11）、従来の経験的な商標による格付取引で得られた問屋の既得利益が損なわれるといわれたが、多くの製糸家は当時の社会情勢から受け入れざるを得なかった。また一部の製糸家は進んで格付検査を受け入れた。

第三節　高格糸の生産技術

格付検査の実施と結果　新しい格付検査では、第４表に示すように、輸出用生糸のうち 14d 中は靴下・編み物用生糸として考えられるが、その 1932 年（昭和７）～ 41 年の格付検査結果とその割合の変遷を見ると、総輸出生糸のうち 14d 中の割合は、1932（昭和７）では 43%、33 年（昭和８）50%、35 年（昭和 10）では 54%で、以降 50%以上となり、39 年（昭和 14）には 60%に達し

第 4 表　全国輸出生糸の糸格別割合（14d 中）

単位：%、千俵

年　度	1932	33	34	35	37	39	40 年
(3A 格以上)	(2.3)	(4.4)	(7.5)	(10.7)	(11.1)	(14.9)	(11.4)
(2A 格以上)	(12.3)	(16.3)	(20.6)	(26.5)	(29.8)	(37.1)	(21.7)
(A 格以上)	(17.7)	(22.5)	(26.7)	(33.5)	(37.4)	(46.5)	(30.5)
14 中 SP 3A	0.6	1.9	3.6	4.8	3.7	3.9	2.7
3A	1.7	2.5	3.9	5.9	7.4	11.0	8.7
2A	2.6	5.6	7.0	8.8	11.1	12.8	10.3
A	5.4	6.2	6.1	7.0	7.6	9.4	8.8
B	7.0	8.4	6.6	5.4	5.4	5.2	5.0
C	7.2	9.1	6.6	6.4	6.5	5.6	6.0
D	3.0	10.3	7.9	8.3	8.0	6.4	6.6
E~G	8.0	6.1	6.4	7.4	5.2	5.9	5.9
(A-G 格合計割合)	(43)	(50)	(48)	(54)	(56)	(60)	(54.1)
14d 中総計 (千俵)	230.8	263.9	248.5	296.3	289.7	247.4	254.9
総受検数 (千俵)	526.4	552.3	513.3	545.2	511.0	407.4	471.0

出典：各年度『生糸検査所事業報告』。(注)14d 中総計のカッコ内数値は%。

ている。

そのうち高格糸（SP３A、３A、２A）の割合は、1932 年（昭和７）から 10 年間増加傾向にあり、準高格糸 (A) も増加にあり、これに対して中格糸（B、C)、標準格（D）の割合はいずれも減少しており、このことから格付の分解基軸は A 格と B 格の中間に置きながら全体に格付の底上げが図られた。

1920 年（大正９）以降、高格糸の生産に最も積極的に取り組んだのは片倉製糸であり、一代交雑種の配布と特約組合による養蚕農民の組織化により優良繭の確保、御法川多条繰糸機（半沈繰法）による高格糸の生産により１俵（100 斤＝ 60kg）当たり価格に高いプレミアムが付けられて販売され、米国絹業市場における女性用靴下・編み物用生糸の需要に応えている（表５参照)。

多条繰糸機の評価　　高格糸の生産では、御法川多条繰糸機が高く評価されるが、1924 年６月米国フィラデルフィア万国博覧会でその優秀性が認められ (注 12)、この繰糸機による生糸は所謂「ミノリカワ・ローシルク」(Wonderful Diamond Grand XX) として米国生糸市場価格の３分の４以上で取引された。

高格糸生産では、原富岡製糸や郡是製糸など従来からの優等糸生産の製糸会社も、一代交雑種奨励と特約組合の組織化については積極的に取り組んだ。多条繰糸機については、大久保所長は御法川多条繰糸機の情報を早期に得て注目、独自に研究を進め TO 式多条繰糸機や SO 式多条繰糸機（群馬社で使用）の開発を進め順次その導入を図った（注 13)。郡是製糸の場合、優秀な繭の確保や工女の教育・確保を重視し慎重を期したため、多条繰糸機への対応はやや遅れたが、独自機器（沈繰法）の開発・導入により、高級糸の生産にこだわり、この方針を女性用靴下ばかりではなく織物用 21d 中の生産でも徹底

第 5 表　原合名会社・群馬社と関係製糸の販売量の変遷　　単位：梱

製糸名＼年	1901	1909	1921	1925	1930	1935	1937	1940
原合名会社	667	2,751	5,000	−	4,994	−	−	−
片倉製糸	2,400	12,082	43,140	80,703	87,454	109,934	136,787	−
郡是製糸	200	1180	18,314	35,808	69,643	100,318	101,900	101,316
碓氷社	5,455	8,825	7,214	5,946	13,072	6,376	−	6,156
甘楽社	5,191	8,635	4,205	4,478	7,804	4,918	2,182	4,918
下仁田社	1,765	3,836	943	1,366	2,026	482	−	−
群馬社	−	−	−	−	6,270	7,230	9,544	8,937

出典：石井寛治『日本蚕糸業容史分析』、『片倉製糸紡績株式会社二十年史』、『郡是製糸株式会社六十年史』、『安中市史』、『甘楽富岡地区農業協同組合百年史』より作成。
注) 1 梱 = 9 貫目、碓氷社 =1940→1939、甘楽社･下仁田社 =1935→1936、1937→1938。

した（注 14）。

糸状斑と類節　　靴下・編み物用の高格糸の生産技術では、糸条斑（糸のむら）と類節（糸のからまりによる節）が、問題視されセリプレーン検査（黒い板を背景に視力による糸質検査）が重視された（注 15）。

それは、従来は広幅織ドレス等に適応の生糸 21d 中を中心とするものから、靴下・編み物用 14d 中へ需要が転換拡大し、糸斑《いとむら》・糸条斑や類節の極めて少ない高品質なものが求められ、生糸の格付と価格差が拡がり、「高格糸」（＝高級格付生糸）がアメリカ市場において高いプレミアムがつけられて取引された。

糸条斑対策については、①低温緩速型の多条繰糸機の導入、②煮繭繰糸の分離、③工女の繰糸技術、④特約組合による優良繭の組織的確保、などの対策が検討、指導された。

繰糸法では、①繰糸・煮繭の分離方式で煮繭の個人差を解消・統一し、②低温（30 ～ 40℃）・緩速（60 ～ 100 m／分）型の多条繰糸機を使用する、③繰糸では繭の外糸（糸口近く＝生皮芋きびそ）と内糸（尾部＝比須びす近く）の極端に太い一部と極端に細い一部を除いて使用し、④繰糸法では工女は糸の本数を揃え（2.8d か 3 d の繭糸 5 本か 4 本で 14d 中を維持）（注 16）、⑤繭質（解舒《かいじょ》が良くて糸斑が少ない繭）などが関係し、製糸家・工女、養蚕農家・蚕種家等が協力して生糸の斑を解消するための解決法が図られた。

類節の問題は、その原因や解決策の解明が簡単ではなかった。類節対策について、大久保社長は自らの試験結果から得られた知見では、この問題は製糸家のみでは対応不可能であり、養蚕農家の飼育法、特に上簇後の温度管理に問題があること、「熟蚕の上簇より営繭中の温度二六時中高低少き場合は、繭の質節尠なく是に反し温度の変化激しき場合と寒冷遭遇せし時は其程度は随って漸次類節増加」する（注 17）と述べている。

田島弥太郎は、類節とラウジネス（シラミ節）について、次のように触れている。大正期に大日本蚕糸会から「米国の絹業とラジネスの研究」の冊子が出ており、その原因は原料の繭糸に存在し、さらに遡って繭層の中に存在していることが判明したと指摘する（注 18）。

「ふつうの生糸は美しい正三角形ないしはそれに近い形をしているが、それに対し、ラジネスを生ずる性質のある繭糸ではいちじるしく不規則で、湾入や小さな離れ小島のようなものがたくさん出てくる」、これを縦に見ると並行したきわめて繊細な微細繊維がたくさん出てくる、ふだんはこの微細繊維も外面が膠《にかわ》のようなセリシンで固められ裂けた繊維としては現れない。

その発生要因は繰糸過程では無く、繭生産過程にある。対策は品種に関係もあるが、ラウジネスの少ないことと糸目と両立しないことも分かり妥協点が必要とされた。また飼育法も関係しており、根刈仕立の肥沃な土地の桑の葉を5令期に飽食した場合に繭は立派であるが、ラウジネスは生じやすい。従って「ラジネスをよくしようと思ったら品種にたよりすぎてはだめで熟蚕を早めに上げる（上簇する）こと、改良簇を使うことが大切である」と述べている。

注

（1）19世紀後半米国絹業は先染め絹織物を生産、撚糸に加工しやすい日本生糸（太糸）を必要とした。大野彰「綛の作り方が製糸業の収益性と市場を決めた」『京都学園大学経済学部論集』23巻1号2013年9月。

（2）日本生糸を代表する信州の製糸家は「1900年代前半から行われた繰糸鍋の改造と1900年代後半から始まった煮繭法の改良」により「抱合性と強伸力」に富む優等糸製造に成功、1910年代には「アメリカ市場からイタリア産生糸を振るい落とした」と。大野彰「アメリカ市場で日本産生糸が躍進した理由について」『京都学園大学経済学論集』19巻2号2013年。嶋崎は大正期の生産力の質的発展に注目、嶋崎昭典『製糸夏季大学50周年記念誌』。

（3）中国・上海産生糸の技術と品質、持続的技術革新の欠如について、石井寛治「近代世界市場における日本生糸」前掲『富岡製糸場と群馬の蚕糸業』。

（4）米国における戦前の人絹（レーヨン）の発展と生糸の共存、両者の主用途は広幅織りとフルファッション靴下によって調整される、馬場啓之介編『蚕糸業の経済的分析』農業総合研究所研究叢書第11号1950年参照。

（5）米国の生糸消費は女性用靴下（平編み）に使用、永瀬順弘『1930年代前半におけるアメリカ絹靴下工業の動向』。原典「最近米国絹業事情概要」（日本中央蚕糸会、紐育海外生糸市場調査事務所、昭和9年）。

（6）「シルクの大衆化」について、『日本繊維産業史』総論編第三章繊維産業の内面構造四節貿易事情254頁、『同書』各論編第二章製糸業158頁。

（7）『横浜生糸検査所八十年史』1977年、110～116頁。

（8）生糸格付法の変遷と、輸出用生糸の格差・格付の複雑さについて、上山和雄『日本近代蚕糸業の展開』第1章第2、3、4節参照。

（9）輸出生糸格付検査法は、当初（32年）は糸状斑に検査の重点を置いている。35年7月の改正では特別3Aを独立させ、小纇、大小纇節の検査の比重を高めた。末次幸雄「総合抄録・生糸格付検査の変遷」『日本蚕糸学雑誌』第23巻第2号。

（10）米国絹業市場の要望に応えた日本生糸の近代的な品質格付評価法の意義、米山達雄「生糸品質評価法の解析（第3報）」蚕糸研究第112号1979年。

（11）旧売込問屋、商社の抵抗、『日本繊維産業史』各論編第二章168～169頁。

（12）御法川多条繰糸機が注目されたのは、明治36年大阪の第5回国内勧業博覧会に出品された12条式繰糸機で、その特徴は「直繰・緩速・多条・低温繰糸」であった。その後も高格糸生産のために様々な改良が重ねられた。その結果は「糸質優良なるも糸量の減耗甚だしく色澤は黒く肉眼検査にては従来の生糸より遥かに劣悪に見えた」ところが 1924 年（大正 13）米国のフィラデルフィア万博で高い評価を受けた。さらに 27 年直繰式を小枠再繰式に改め、28 年に千葉式煮繭機を採用し煮繭前処理を蒸気滲透を適切に機械化し、繭の内外層を均一に熟煮し低温繰糸に適合する煮繭ができた。このように高格糸生産に適合するために様々な改良が重ねられた。『片倉製糸紡績株式会社二十年史』292~294 頁。なお従来の諏訪式座繰機は、「高温・高速繰糸法」で繰糸温度 70 ～ 90 ℃、繰糸速度 70 ～ 250m ／分で小枠回転速度を速めて作業能率と糸質を高める技術で、西欧からの移転技術の範疇であった。大日本蚕糸会『日本蚕糸業史』1935 年、397 頁。

(13) TO 式多条繰糸機は小枠揚返方式に改良され繰糸鍋等にも改良あり、田中修「前掲論文」『前掲書』。

(14) 片倉・郡是製糸の高格糸の生産割合の増加とともに販売方法にも変化がみられた。両社ともニューヨークに出張所や販売会社を開設して直輸出に取り組んだ。片倉製糸は、1921 年横浜に出張所を、24 年にはニューヨークに出張所を開設し、震災後は問屋を介さない直輸出を拡大した。郡是も 28 年ニューヨークに駐在員を派遣。33 年にニューヨーク・グンゼシルク（紐育・グンゼ）を米ヴァン社（生糸商）と提携し設立した。両製糸はニューヨークに開設した出張所や販売会社を通して、高格糸の大部分（2A 格以上）を高いプレミアムをつけて販売し（直輸出かそれに近い状態で）、独占利潤を確保した。松村敏『戦間期日本蚕糸業史研究』第 1 章　第 2 節 276~286 頁。上山和雄『日本近代養蚕業の展開』第 4 章 141~156 頁。

(15) 高格糸生産技術の確立について、清川雪彦『近代製糸技術とアジア』名古屋大学出版会 2009 年、79 ～ 114 頁。

(16) 一代交雑種の初期交配品種（日一×支四号）は繭糸が 3d と太く、靴下用生糸の 14 d 中を製造するには不向きであり、靴下用の生糸の標準繊度を 15 d 中（3d × 5 本）に改正することを日本の蚕種家（森川抱次）が米国絹業家に要請したが断られ、これを契機に日本蚕種の細糸化（2.8d）が進んだ。松村敏「一九二〇年代初頭の生糸「一五中」問題とその帰結」『農業史研究会報』第九号。

(17) 大久保佐一の経営・技術的指摘、田中修「前掲論文」『前掲書』。

(18) 田島弥太郎『我が輩は蚕である』参照。

第２章　組合製糸南三社の刷新と優等糸、高格糸への対応

第一節　南三社を中心とする優等糸、高格糸生産の状況

器械製糸の導入　　既に触れたが群馬の組合製糸は 1878 年（明治 11）に座繰から出発、碓氷社では器械製糸の導入は 85 年と比較的早かったが、その後、紆余曲折を経て明治末年頃には、その 7 割が器械製糸に転換を図った（注 1）。

1912 年（明治 45）の碓氷社『器械製糸場の業務細則』「二器械製糸繰糸方法」（要約）を見ながら、当時の碓氷社の繰糸技術の水準を考察してみよう。

二器械製糸繰糸方法の要点（要約）（注 2）

1. 生糸は「エキストラ」格を目的とする。故に原料繭は之に相当し斉一にして且つ盤全の乾燥を施したものとする。
2. 「デニール」管理規定の程度 (十二半より十五半迄) により繰糸し其の本分「デニール」の平均は十三・七分五厘より十四以内を目的とする。
3. 小枠纏《てん》糸量は単綛揚とし殊に其の定量の一定を要す故に管理規程の定量（一連即ち小枠二個に付十七匁五分以上二十匁以下）を誤らない様一連に対する繭の量り分け及び枠毎の繰越繭に過不足がないようにする。
4. 小枠の回転数は周囲二尺の小枠で一分間四百回転を標準とし、但し工女の技術及び繭解舒の難易等により小枠軸の摺車に大小を設け緩急を調える。
5. 添緒は巻付とし一度に一粒づつ添緒するの外抄り付けはしていけない。繰繭は常に表層、中層、内層に偏らず交々《こもごも》添足し配合を主とする。
6. 断緒は必ず集緒機の直下に於て指頭で軽く抑えて切断し荒々しくしない。
7. 索緒湯の温度は百八、九十度（88.2 ～ 87.8 ℃）を標準とし繭の煮熟程度により加減する。繰湯は時々交換し色合は常に薄茶色を保ち、其の温度は百六十度（71.1 ℃）前後を標準とし繭煮熟の程度により加減する。繰釜内の落緒繭蛹等は速やかに取り去る。
8. 煮繭は浮き煮とし繭の内腟に湯を含み湯面に於て直立又は傾斜の状態に在るようにする。煮湯の温度は漸高法を用い、其の温度は二百五度（96.1 ℃）前後とし、繭により加減し適度に煮熟する。

この「器械製糸繰糸方法」から、明治45年頃の碓氷社の器械製糸への転換時における繰糸技術の内容・水準が推測できる。

繰糸方法に注目すると、①煮繭分離で熟煮により解舒は良好で、添緒は一粒ずつ、しかも繭は上層、中層、下層を確認して糸斑《むら》を少なくするよう工夫。②熟煮と半沈繰により解舒良好で、小枠は周囲二尺で小枠の回転数は一分間に四百回転を標準とし「抱合良好で強伸力のある」優等糸を生産。③煮繭温度は、索緒温度は百八十から九十度で、繰湯温度は百六十度と工程温度を分け、繰湯は時々交換しその色は薄茶色を保持しセリシン含量を調整。④糸の繊度は十三・七五から十四デニール以内とし、小枠の糸量は正確にしている。

器械製糸場の運営は、三十釜以上で繰糸機（諏訪式）は二緒繰・ケンネル式であるが、煮繰分離により工女は繰糸に専念できる。糸格はエキストラ格を目指す。繰糸場には、現業係、教婦、火夫を置き、その技量等は社長の承認を受ける。教婦は、五十釜毎に一人置き、工女を指導・養成する体制にある。以上、教婦により優等糸の生産技術が厳格に指導される体制であった。

優等糸の生産へ　座繰の時代に五人娘の商標で販売された生糸の格付は、信州産器械製糸の標準格である信州上一番とほぼ同格かその少し下で販売されていた。これが器械製糸の時代になると、碓氷社の生糸は「なお上一番より安いのもあるが、又上一番より上にエキストラ則ち飛切と称する最良なる糸があって、之は五人娘に比較して六・七十円若しくは百円位高く売れて居る。

…吾が碓氷社所属の組合に於て器械製糸所を設立するの目的は、恐らく五人娘より三・四十円も安い上一格の製糸を作るに非ずして、羽子板票即ちエキストラ品を目的とするのであろう。」（注３）と目標を定めている。

その成果は、1908年（明治41）から全く格が違った事になり羽子板の方が、上一番より6・70円～7・80円高く売れた。さらに1914年（大正3）には矢島格より20円～25円高く売れるようになった（注４）。

しかし碓氷社は、この段階では未だ「原料繭持寄制」であり、養蚕農家の子女が繭を持ち寄り製糸所へ通い器械繰糸機を共同利用する状態であった。

原料繭の受付制へ　高格糸への生産では、従来、片倉製糸や郡是製糸等の大規模営業製糸の積極的な取り組みや対応、すなわち一代交雑種や多条繰糸機の導入による製糸家・蚕種家による技術改良が注目視されてきた。しかし近年の研究では養蚕農家との連携が強固な長野県の組合製糸が、経営・技術的にも良好な成績を上げていたことが指摘されている（注５）。

大正７年頃には、群馬県の碓氷社、甘楽社、下仁田社等南三社では、従来の座繰から器械製糸への転換が進み、生糸生産量の約７割を器械製糸が占めるようになるが、自己生産繭の持ち寄りによる各自家製糸の状態では品質の統一性を欠き小規模のために生産費もかさんでいた。そこでは農業経営の内部にある繭加工の座繰や原料持寄制（器械製糸）から脱皮して、新しい市場ニーズに応える優等糸、高格糸の生産のためには原料受付制（器械製糸）への刷新が必須であったが、そこにはいくつかの高いハードルがあった。

原料受付制は、1907年（明治40）頃信州伊那地方の組合製糸で創始されたもので、組合員の供繭にたいして一定額の借受金（仮渡金）を支払って組合工場が雇用労働によってそれを加工販売する仕組みである（注６）。

1917年（大正６）８月、吾妻郡の碓氷社社員白石実太郎は長野県の組合製糸龍水社所属の田切組を視察後に、碓氷社の改革立ち後れを指摘し碓氷社社長宮口二郎宛てに書簡（注７）を送っている。

龍水社所属の田切組では、「…工女給料は4585円を工女僅かは42－３人に支払う。実に１人平均で100円以上（食料は組持ち）に当たり、その事業日数９ヶ月にも満たないと言う。それ以上に驚くべきことは繰目10匁の賃金が僅かに３銭以内であると言う。その繰糸工程の高いこと賞罰制度を行っていることからだと思う。…事業年数僅かに３－４年で碓氷社の10分の１にも過ぎないような産額であっても、このような高価に値するものを製造できるのは粗悪品でないという証明である。竜水社が指導監督に励精される苦心、所属組合が向上発展に努力される熱心さは実に羨望に堪えない」と。

これに引き換え碓氷社の現状は、殆ど指導はなく放任で「…各組も製糸は共同繰場と心得、ただ繭が糸に変われば事終わりと考える」という状況で雲泥の差があると厳しい指摘をしている。

1918年（大正７）、南三社各組においては「原料繭受付制」導入のための事務や口挽検査の統一的な手続きなど原料繭の受付方法が検討された（注８）。

碓氷社では、1918年８月組長会議で「原料受付制」の実施を翌19年から行うと決議し、原料繭の受け入れについて「口挽試験により繰糸の難易、糸量及び生糸の品位を査定し、代金の分配」を円滑に実視する準備を行わなければならなかった。碓氷社中之条組が、18年から率先して実施する事になり、この実行状況を調査し目的の確実な遂行を達成したいとした。このような取り組みの結果、碓氷社では、21年（大正10）頃には完全に原料受付制に移行した（注９）。

蚕種の統一　高格糸生産の条件として原料受付制への移行には、蚕種統一が最も必要な条件である。碓氷社社長萩原鐐太郎は「碓氷社五十年史」（注 10）で座繰から器械製糸への転換に際し、自分の失敗談で述べている。

如何に工女の技術が熟達していても、如何に製糸機械が精巧を極めていても、如何に製糸用水が精選されていても「生糸原料たる繭が適良で無ければ到底精良なる生糸を製造することはできぬと断言して差支へ無い」。

「原富岡製糸場に於いては既に数年前より深く考究せられて適良なる繭を得るに務められ、殊に昨年来は繭質統一論の主唱者となって大いに尽瘁して居られる。中にも現任者大久保佐一君の如きは実に献身的に此の問題に向かって精力を集中し東奔西馳幾多の労力と費用とを投じて熱心に主張されている。今日繭質統一論が吾が国に於いて有力なる一個の興論となつたのは、実に同氏の尽力与つて力ありと云わねばならぬ」。吾が国の製糸家の中で雷鳴を轟かす「山陰製糸会社、丹波の郡是製糸会社、伊勢の室山製糸会社、名古屋製糸会社等に於いては、何れもその製糸に要するところの原料繭は自ら蚕種を配布して夫々繭質の改良を行ひ、その繭を以て製糸したものなるを知り、愈々製糸には原料繭の適良を」感ずるに至ったと。

碓氷社では、大正８年４月から蚕種改良統一を図るため、品種は白繭種、黄繭種の一代交雑種の標準種を公表した（注 11）。

甲春蚕白繭一代雑種、国蚕白１号×国蚕支４号、国蚕白４号×国蚕支４号。

乙春蚕黄繭一代雑種、国蚕欧５号×国蚕支７号、国蚕欧７号×国蚕支７号。

なお、群馬県内組合製糸の蚕種製造額と品種統一に関する取り組み状況は、1931 年（昭和６）の県内蚕種製造は碓氷社上位２位で 379 千グラム、群馬社５位で 249 千グラム、同 1932 年では上位２位に碓氷社 780 千グラム、９位に群馬社 158 千グラム、11 位に下仁田社 153 千グラムが掲載されている（注 12）。

甘楽社では「長野県上下伊那郡龍水社外３組に理事並に調査員を派遣」、翌 1919 年（大正８）に社内 27 組に奨励金５千円を支出して「原料受付制」を奨励した。その結果、甘楽社では「原料受付生糸８千 120 余貫匁は、品質優良で統一、エキストラ格として市場の好評を博した」（注 13）と言われている。

下仁田社の場合、龍水社田切組や上伊那組は、過去に下仁田社の所属組合でもあったことから、長野県の組合製糸の先進的な取り組みについての情報は、早期から得ていたものと考えられる。なお龍水社上伊那組は、下仁田社田切組として明治 44 年～大正５年に、龍水社伊那組は大正３年～４年に下仁田社伊那組として共に下仁田社に所属していた（注 14）。

1927年（昭和2）に南三社のうちで、本社直営100釜規模の大規模製糸工場の設置に最初に取り組んだのは、下仁田社であったことからも龍水社の情報をいち早く得ていたものと思われる。

第6表　生糸100斤当たり販売価格　　単位：円

年次	碓氷社 A	甘楽社 B	下仁田社 C	横浜市場 標準物 D	差額 A-D	B-D	C-D
明治43年	891	870	901	881	10	△11	20
44	843	826	832	836	7	△10	△4
大正元	894	857	879	852	42	5	27
2	879	952	960	948	31	4	12
3	807	779	788	801	6	△2	△13
4	1044	1018	1027	989	55	29	38
5	1302	1249	1249	1184	118	65	65
6	1372	1327	1308	1377	△5	△50	△69
7	1609	1569	1573	1524	85	45	49
8	2993	2940	2794	2643	350	297	151
9	1437	1342	1686	1429	8	△87	257
10	1674	1621	1662	1655	19	△34	7
11	2075	2067	2027	2106	△31	△39	△79
12	2020	1831	2051	1983	37	△152	68
13	1943	1884	1924	1846	97	38	78
14	1910	1862	1969	1864	46	△2	105
昭和元	1545	1471	1525	1491	54	△20	34
2	1385	1270	1360	1338	47	△68	22

注）『群馬県史』第8巻通史編、第48表・542頁より作成。但し100斤=1俵（60kg）

優等糸・高格糸の生産　　南三社における優等糸・高格糸の生産状況について、第6表より見てみよう。1918年（大正7）には南三社は組合製糸の運営刷新に取り組んでいるが、5年後の23年（大正12）からは碓氷社、下仁田社の販売価格は、横浜市場での標準物価格よりも30円～100円とやや高い。しかし甘楽社の場合、関東大震災で横浜での生糸倉庫の被害が大きかった影響もあり、1923年以降も標準販売価格とほぼ同等かやや低い状況であった（注15）。

高格糸の生産は、原料繭受付制への転換により地域の拠点工場（普通繰糸機）で、技術的には一代交雑種の導入による優良繭の確保と優秀な工女と普通繰糸機による丁寧な繰糸（煮繰分離・沈繰）で生産可能であったと思われる。しかし、より高級生糸の生産技術と経営的な安定には、次節で触れるように200～300

釜以上の多条繰糸機導入による大規模直営工場の整備が必要であった。

以上、大正・昭和期の組合製糸の経営・技術対応では、器械製糸の普通糸格から優等糸へ、さらに高格糸への生産技術対応においては、二段階の連続的な技術の革新が見られる。群馬県南三社の場合、この二段階の技術革新は比較的緩慢に進められた（第７表、第７－２表）。組合製糸群馬社の場合、行政の後押しもあり、短期間連続的に展開されたと言えるだろう。

普通糸から優等糸への技術革新は、煮繰分離による熟煮と繰糸の専任集中化、煮繭温度と繰糸温度の調整、沈繰・半沈繰法等の技術確立により抱合性と屈伸性に富んだ経糸にも適した優等糸の生産が教婦の指導で可能となる。繰糸機も普通機であるが２緒から３緒・４緒繰りなどが導入された。

第７表　碓氷社「器械製糸」商標別出荷と生産代金　　単位：100斤、円、％

商標		大正10年度		昭和元年度	
		出荷量（%）	100斤当（円）	出荷量（%）	100斤当（円）
金羽子板	最優格30円高	125.4 (4.6)	1,640	1,372.5 (33.5)	1,539
羽子板	〃 10円高	1,008.8 (37.3)	1,623	1,226.9 (30.0)	1,491
赤羽子板	羽子板10円安	92.9 (3.4)	1,606	1,104.0 (27.0)	1,464
鞠	〃 20円安	622.9 (23.1)	1,623	140.0 (3.4)	1,422
青鞠	鞠 10円安	231.6 (8.6)	1,685	171.8 (4.2)	1,395
歌留多		195.2 (7.2)	1,567	25.3 (0.6)	1,286
団扇	歌留多10円安	17.0 (0.6)	…	0.4 (－)	1,083
提灯	鞠格	389.7 (14.4)	1,558	-	-
無標		18.5 (0.7)	1,386	51.4 (1.3)	1,057
		2701.6 (100.0)	1,617	4092.1 (100.0)	1,497

注)『群馬県史』通史8巻544頁・第49表より作成。但し100斤=1俵（60kg）

第７-２表　碓氷社100斤当たり価格と格付割合　　単位：100斤、円、％

生糸100斤当り単価（円）	昭和２年 出荷量（%）	昭和３年 出荷量（%）	格付
1,500～	547 (13.7)	187 (4.0)	AA
1,450～1,499	438 (10.9)	644 (12.8)	A
1,375～1,449	1,488 (37.1)	2,564 (50.8)	B
1,300～1,374	1,430 (35.6)	1,565 (31.0)	C
1,200～1,299	113 (2.7)	71 (1.4)	D
合計（%） 平均価格	4,016 (100.0) 1,399	5,078 (100.0) 1,384	

出典：『安中市史』第２巻976～977頁・表127、表128より筆者作成。

さらに優等糸から高格糸への飛躍には、蚕種の統一、飼育法の改善、十二条以上の多条繰糸機の導入等が考えられ、糸条斑や纇節の極端に少ない２A・３A格以上の高級生糸（女性用フルファッション靴下に使用）へ、200釜から300釜規模の大規模な製糸工場の整備などが考えられた。

この代表的な先進事例に、長野県下伊那郡の組合製糸上郷組合が挙げられている（注16)。

第二節　南三社の刷新問題と組合製糸発展の「２つの道」

1900年（明治33）産業組合法が制定されたが、南三社の実態（養蚕農家が所属する各組の連合体）は、この法律に適合できなかった。1910年（明治43）の産業組合法改正により連合会や総代会が認められ、南三社は有限責任信用販売組合連合会としてこの法律を適用、法に則して組織改正を行った（注17)。

大正期には蚕糸業は、1914・15年（大正３・４)、20年（大正９）と度々経済恐慌に見舞われている。この時、国は第１次帝国蚕糸株式会社（大正３～４年)、第２次帝国蚕糸株式会社（大正９年）を、日銀からの融資を中心に立ち上げ、生糸を買い上げにより蚕糸業関係者の救済を図ったが、大規模営業製糸や大口の売込問屋等を中心とする救済では成果が認められたが、地方の中小製糸家や養蚕農家のためにはならなかったとの強い反省があった（注18)。

第１次組合製糸の刷新計画　大正期には南三社の外に長野県伊那地方の伊那社、依田社、岐阜県の長良社などの比較的新しい組合製糸の創立・展開が見られた。そこでは当時、次第に活発になりつつある産業組合運動の一環として地方政治勢力と農業金融資本の強力な後ろ盾があった（注19)。そして、1927年（昭和２）大日本生糸販売組合連合会が設立され、組合製糸は生糸販売事業にも直接参加に乗り出している。

群馬県では、1922年（大正11）南三社と横浜の原合名会社との合併案が前橋市内某氏の仲介により提案されるが、原側が積極的な姿勢を示さなかったので話は進まず（注20)。

県は1923年（大正12）から26年の間、23年２回、24年１回、26年２回と計５回にわたり南三社に対する刷新指導を行っている（注21)。

23 年度前期合併案では、群馬県主導の南三社刷新計画が打ち出される。その内容は、①強固な組合を中心に合併する。②組合の釜数を 300 釜規模とし、県の指導を受ける。③実現後は、株式会社とする、等であった。

23 年度後期案は、南三社を解散し有力な製糸業者（原合名会社社長原富太郎）を中心とした株式会社の設立案が示されている。

1924 年度（大正 13）案は、１月 18 日に以下のように提示された。①全て生繭受付とし専門工女が繰糸する。②繰糸日数を 250 日とする。③組合員数を 450 名以下とし、一組合員の供繭額を 57 貫目以上とする。④釜数を 100 釜以上とし４口取り機器とする。⑤工女は原則的に寄宿とし例外的に通勤を認める。⑥出資一口の金額を 50 円とし、一名に付き平均４口で 1800 口で合計９万円とする。

県の提示項目は、いずれも具体的で分かりやすいが、かなり技術論的で大規模工場制に拘りがあった。

これに対し碓氷社、甘楽社は各自固有案を提出するが、震災による生糸焼失被害対応で実行延期となる。下仁田社の場合は、直営の 100 釜以上の工場を建設し漸次統一する案を提出、26 年に起工し 200 釜の機械製糸所を設立した。

碓氷社では、1926 年２月、社業革新調査会を設置したが、その趣旨は、改善の根本は現在の組合及所属工場の合併整理を実行することにある。「然れども之れが広狭及びその方法に付ては慎重なる調査研究を尽く」すべきと慎重で、以下は具体的に検討した項目である（注 22）。

一、組合及所属工場合併整理の標準及方法（第１案 39 組、第２案 12 組）

二、新設工場設立の標準並に之が資金調達の方法、①乾繭器、②貯繭倉庫、③繰糸工場、④揚返工場、⑤工女寄宿舎、⑥事務所

三、原料繭の改良統一

組合整理の第１案は現在の組合並びに所属工場を 39 組合に整理する。第２案は組合並びに所属工場を 12 組合に整理する。県案との折衷も検討。

県案では南三社全体を 12 工場に、うち碓氷社は７工場に整理する案で、宮口社長が心配したのは、直営工場の建設資金の調達や原料繭確保、工女の職業が奪われ多額の収入を失う、ことであった。

さらに 1926 年度（大正 15）５月 14 日の県刷新案（県案１）の趣旨は、①三社組合はそのままとし、製糸事業は本部に移して組合は供繭のみとする。②所属組合は一町村一組合主義とし、一層事業の発展を図る。③地理上又は他の

事情によっては必要な場所に繭乾燥場をもうけて供繭を集めて乾燥して送る。④直営工場は初めからなるべく大規模にする。

この県案に対し、甘楽社と下仁田社は同意したが、碓氷社は別の具体案（地域密着型に拘る）を提出し実現しなかった。

同年度（大正 15）5 月 18 日（県案２）では、①年間を通じて操業する。②原則的に 300 釜規模とする固定施設費に補助金を交付する。また、低利融資の斡旋をする。③工女は寄宿制とする。④組合思想の宣伝と組合員の技術訓練に努める。

以上 23 年から 26 年の４年間に組合製糸の刷新について、南三社と県が検討した内容から明らかなことは、南三社は現実路線に即した地域主義・中規模工場制を主張したのに対し、県案は製糸技術に重点を置き、200 釜から 300 釜規模の大規模工場制、そこに原料繭を集中させ、工女の寄宿舎制を採用する。また時の情勢から糸質・高級糸と生産性を重視し、大規模営業製糸に対抗可能な案を模索、南三社案とは大きな隔たりがあった（注 23）。

しかし、南三社側では長野県伊那郡の組合製糸を視察して現実路線の改革を模索しており、すでに原料受付制を導入して各組養蚕農家から通う工女が組器械製糸により優良生糸を製造している実状を踏まえると、工女の寄宿舎制を進めようとする県案は、繭加工を副業収入とする組合製糸の基本・本質に対して、養蚕農家の不安と懸念に具体的に応えていなかった。

南三社の刷新を性急に進めようとする県と自主的な刷新・統合を進めようとする南三社（実際はなかなか進まない）との間には、改革の方法・方向で大きな溝があった。そして第一次刷新計画は、1926 年（大正 15）12 月通常県会の全会一致の「養蚕農家救済に関する建議書」採択を受け、百瀬文輔知事の英断により有限責任販売組合群馬社の創立が決まり、一つの区切りとなった（注 24）。

第２次組合製糸の刷新計画　　第２次組合製糸刷新の始まりは、1927年末「長官の更迭あり、大森佳一氏知事に任せらるると共に、県当局首脳部の更迭行われ、県当局の本問題に対する見解一変」、その方針全く改められた（注 25）。

南三社は 1910 年（明治 43）の改正産業組合法を適用し、存立期間を 20 年としたため昭和６年３月に満期となり、その存続に県の認可が必要とされた。1928 年（昭和３）２月南三社の社長から共同で県知事宛てに存立願が提出され、これに対して県からの解答（要旨）は次のようなものであった（注 26）。

同年６月、南三社の存立期間延長の申請に対する県の回答は、①県は条件付きの認可を認める。②但し認可の条件として、組合自体に改善意志があること。③当局の改善具体案は追って示す、との内容であった。

新しい県の方針は、製糸産業組合督励方針八項目、同督励順序三項目、同整理刷新方法七項目を示した。その内容は、①自覚的発奮を促し自発的刷新計画の樹立を指導援助し、県費で補助金や低利資金融資を行う。②組合組織と工場施設の調和を図る。③養蚕の延長としての繭加工を尊重する製糸産業組合の本質の刷新を目指す、というものであった。同時に、県は新たに「群馬県組合製糸協会」を設立させ、「会長碓氷社社長、副会長に甘楽社長、下仁田社長、理事に三社の幹部を就任させ陣容を整え、整理刷新の地固めを図った」（注 27）。

組合製糸協会の刷新指針　1929 年（昭和４）２月「南三社所属産業組合整備刷新指針」が県組合製糸協会から発表された。この指針は、「県当局の具体案」と同等なもので 30 項目にわたる膨大なもので、主な項目の趣旨を以下に示す。

①供繭可能区域が同じ組合は先ず合併を行い、経営設備の整理統廃合を行う。但し繰糸婦寄宿舎制の場合は工場集中を行い、通勤制の場合は通勤可能距離を考え工場を分置する。
②倉庫・繭乾燥場及び取扱場は地方の事情により適宜集中又は分置。
③定款規定の区域は供繭可能区域に依る。但し区域の単位は大字とする。
④設備資金には自己資金を充て、不足する場合は出資金を増加する。
⑤供繭規約を設け、絶対供繭を確保する。
⑥供繭額及び供繭受入期間と繭乾燥能力、倉庫並に貯繭所収容能力、煮繭能力、繰糸能力及びその他の諸設備能力に均衡を得る。
⑦成るべく養蚕技術者及製糸技術者を置き組合員の養蚕技術と組合の製糸技術の連絡を図り、その縦断的改良を行う。
⑧養蚕改良委員会を設け桑園・蚕種・飼育法及上族法の改良統一を行う。
⑨教場を設け教育主事を置き、毎週四時間以上繰糸婦の教育を行う。
⑩毎週１回以上繰糸婦慰安日を設ける。
⑪常に市場の状況及時代の推移に注意し、之に順応する様組合の構成経理及経営の全般に亘り不断の改良刷新を継続する外、尚特に組合員の指導訓練を怠らない。
⑫連合会は前各号による所属組合の整理刷新に順応し適宜の措置を行う。

以上、南三社はこの指針に沿って、粛々と直営工場化の道を進める。

碓氷社　1930年（昭和5）9月碓氷社は、高崎市飯塚町に直営工場の建設決定、工場建設は、31年5月着工、9月15日操業開始、多条繰糸機240台、養成工女用20台、5条繰糸機100釜を設置する。

1930年（昭和5）、本社事務所を原市町から高崎市八島町へ移転。

1930年（昭和5）、同社磯部組、駒寄組12条繰糸機を各20台導入。

1934年（昭和9）、240台（16、20条）。

1936年（昭和11）、室田工場、繰糸機144台（20条）、揚返機224窓。

1936年（昭和11）、中之条工場、繰糸機144台（20条）、揚返機224窓。

1937年（昭和12）、原市工場、繰糸機144台、揚返機224窓。

1938年（昭和13）、長尾工場、繰糸機80台、揚返機120窓。

碓氷社は、1933年（昭和8）新煮繭機を考案（上毛新聞4月）、セリプレーン検査一般84・85点に対し90点以上確保、標準より130~140円高い。また1940年（昭和15年）碓氷社は、高崎、原市、室田、中之条、長尾工場等に多条繰糸機計712台装備、生糸50余万斤（約5000俵）、蚕種18万グラムを製造。100斤（1俵）当たり平均単価1800円で販売し、県下組合製糸1位の高配分となる。（上毛新聞1月）

下仁田社　下仁田社の直営工場の整備状況は、次の通り。1927年（昭和2）本社直営工場、多条繰糸機100台、29年焼失。29年本社直営工場、同204台、31年同直営工場、同120台（5、7条）整備。36年、同社万場工場、同96台（20条）整備。

甘楽社　甘楽社の工場整備状況は、次の通り。1932年（昭和7）、同社直営富岡工場、多条繰糸機200台（12、20条）。34年、同社、同200台（12、20条）。36年、同社富岡工場、同200台（20条）。37年、同社藤岡工場、同96台（20条）整備。

昭和恐慌後　中小製糸工場整理のため1932年（昭和7）9月製糸業法が制定され、新規開業の場合、営業製糸200釜、組合製糸150釜以上の製糸業者は免許制が実施された（注28）。

1935年7月産繭処理改善規則が発布され多額の農林省助成金（施設補助

50%）が準備されたのを機に、南三社では組合工場整備を計画的に進めた（注29）。

同年 12 月群馬県の通常県会に農林省の方針に呼応して、君島知事に星野元治議長名で「産業組合に関する意見書」が提出された。内容は「蚕糸業界多年の不況に災されて県下各地の組合製糸は自力更生の力に乏しい。県は財政の許す限り助につき格段の措置を講ずることを望む」（注 30）と言うものであった。こうした経緯の基に、1936~37 年（昭和 11~12）にかけ南三社は各社とも単位製糸の工場を廃し、直営工場を建設・強化を進めた。

直営工場の設置と平行して、碓氷社では教婦による製糸指導と蚕業改良規程による原料繭の統一を行うようになった（注 31）。

群馬社安中工場問題　1930 年（昭和 5）8 月、群馬社安中工場設立問題（注10）については、群馬社と碓氷社の対立問題と捉えるか、県内進出する大規模営業製糸への対抗措置として、南三社の刷新と群馬社も含めた組合製糸の統合問題として捉えるかにより、評価がやや異なる。特に、県や群馬社の側に立つと碓氷社との統合も安中工場の共同経営化を進める端緒と考えられる。

碓氷社にとっては、養蚕農家の中小組合を束ねる伝統的連合組織であり、大規模単体組合の群馬社とは、簡単に統合合併と捉えることはできない。むしろ、南三社の養蚕農民にとっては、龍水社をモデルにした組合製糸の刷新・統合の方向（地域の中規模工場モデル）が、現実的で養蚕＋繭加工の旧組合製糸に身近で改革刷新の展望が描けるのである。供繭組合と大規模機械制大工場を中心とする県や群馬社の路線とは、方向に大きな違いを感じていたと思われる。

しかし、同年 8 月、県組合製糸協会が中心となり、画期的な三社合併案が持ち上がったが、下部の所属組合の意見が一致せず、実現しなかった（注 32）。

注

（1）碓氷社の器械製糸の導入は、1885 年（明治 18）と比較的早い。しかし座繰の評価が比較的良かったことや器械製糸への費用耐効果があまり良くなかったことから、1897 年頃に器械製糸は千釜を超えたが、その後停滞、1907 年（明治 40）頃から再び増加した。『安中市史』第 6 巻近代現代資料編 1 、資 562。

（2）前掲『安中市史』、資 560「明治 45 年器械製糸場の業務細則」。

（3）前掲『安中市史』、資 559「明治 44 年器械製糸所の設立の見解」。

（4）前掲『安中市史』、資 562「大正三年器械製糸の沿革」。

（5）平野は長野県下伊那郡の組合製糸上郷組合、1930 年組合員 489 人、釜数 243

釜規模について考察、組合製糸の糸格向上の技術的・組織的対応を詳細に分析している。1920年代の上郷組合の高格糸生産への取組は五つの柱で構成される。第一は、一代交雑種の奨励・補助の統制。第二は、指定蚕種制度。第三は、解舒奨励金の実施。第四は、22年（大正11）から全額供繭制の実施。第五は、器械・設備の増強、養蚕指導体制の確立、20年の煮繰分業で繰糸能率の向上を図った。つまり蚕種統制、解舒奨励と指定蚕種制度が全額供繭制のもとで緊密に連携され、各種奨励金（蚕種から成繭まで）の手厚い補助により養蚕農家を支えた。平野正裕「1920年代の組合製糸」地方史研究第28巻2号。

（6）大正・昭和の組合製糸、本位田祥男『綜合蚕糸経済論』486~493頁参照。

（7）白石実太郎の書簡、『安中市史』第2巻989頁。

（8）組合製糸南三社の刷新の検討、馬場光三『上毛産業組合史』62、96頁。

（9）1921年（大正10）の南三社の刷新の進捗には三社に大きな格差があった、石原征明『群馬の生糸』205頁（第8表）。

（10）碓氷社の刷新について、萩原鐩太郎は優良糸の生産には優良繭の精選が最も重要であると反省している。『碓氷社50年史』。

（11）一代交雑種の奨励、「碓氷社の現況」『群馬県史』資料編23、628頁。

（12）組合製糸の直営蚕種製造、田中修『群馬文化』、原典「付表1群馬県優良蚕種家製造額番付」『群馬県史』資料編23。

（13）甘楽社の龍水社視察について、『群馬県蚕糸業史』上巻719頁。

（14）下仁田社と龍水社の関係、馬場光三『前掲』395頁。

（15）南三社の優等糸、高格糸の販売状況、『群馬県史』通史編8、542、544頁（第48、49表）、『安中市史』第2巻975~977頁（表126~128）。

（16）組合製糸の高格糸生産状況（A格）について、平野は『生糸販売組合事業状況調査』（農林省蚕糸局1927年）より工場単位の調査で下伊那8（33工場）、上伊那0（18工場）、碓氷社7（88工場）、埼玉社1（27工場）と指摘し、下伊那の工場の24.2%、碓氷社の8%、埼玉社の4%がA格生糸を生産していると述べている。平野正裕『地方史研究』第29号2号。なお、碓氷社は8%の工場のA格生糸の生産量は、全生産量の24.6%に相当する。『安中市史』第2巻976頁、表127。これを参考に本書の26頁第7-2表は作成した。

（17）産業組合法の第2次改正と南三社への適用、馬場光三『前掲書』31頁。

（18）大正期に至り経済恐慌の頻発、恐慌対策の中で組合製糸の進展。『蚕糸業問題持輯』日本農業研究会編、1977年、322~323頁

（19）大正期の産業組合運動の充実が組合製糸の成長を促し、供繭組合と繭検査が養蚕農家の生産意欲を刺激。「九組合製糸の成長」『日本繊維産業史各論編166頁。大正期の組合製糸の特徴は単体で大型化、本位田祥男『綜合蚕糸経済論』上巻497頁。

（20）原合名会社に合併する案『群馬県史』通史編8、399~340頁参照。

（21）県の刷新介入、馬場光三『前掲書』98~102頁、『群馬県蚕糸業史』737~740頁。

（22）碓氷社案「中規模地域密着型」（筆者）『安中市史』第6巻資料編、資600、947頁。

（23）県の刷新、馬場光三『前掲書』98~102頁、宮崎俊弥『群馬県史研究』18、19

号参照。

(24) 大正15年12月通常県会で「養蚕家救済に関する建議書」を満場一致で可決し知事に提出、『群馬県議会史』第4巻。百済文輔知事は大区域製糸産業組合（群馬社）創立を決定。

(25) 1927年知事が交代し県首脳部も交代、従来方針は全面的に再検討されることになった。馬場光三『前掲書』124頁。

(26) 1928年2月組合製糸南三社の存続認可申請を県に提出、同年6月条件付きで県は認可、『安中市史』第2巻997～8頁。碓氷社の存続満期は30年3月。

(27) 県組合製糸協会の設立と刷新案を示す。馬場光三『前掲書』67頁。

(28) 小規模製糸工場の整理を目的とする製糸業法について、平岡謹之介『蚕糸業統制の研究』1941年、164頁。

(29) 産繭処理統制法の制定で、農林省の組合製糸に対する南三社への施設整備の助成金。『群馬県蚕糸業史』上巻714頁。

(30) 農林省の施策に対する県の対応。『群馬県信連史』72頁。

(31) ①碓氷社蚕業改良規程、②巡回製糸教婦設置組合補助規程を参照、『群馬県蚕糸業史』上巻712頁。

(32) 『群馬県史』8巻557頁。『安中市史』第2巻1002頁参照、南三社と群馬社のこれ以上の対立回避のため、県が何らかの介入を図ったことを推測する。

第3章　原合名会社製糸部―富岡製糸所と製糸所経営の概況

第一節　原合名会社製糸部と富岡製糸所

富岡製糸場の変遷と原合名会社　富岡製糸場と原合名会社の関係に触れてみよう。富岡製糸場の官営時代は、1872年（明治5）10月～93年10月である。民営化されて、三井時代は、1893年（明治26）10月～1902年9月で、原合名会社時代は、1902年（明治35）9月～38年7月である。

1901年（明治34）に三井家所有の富岡、大嶠、名古屋、三重の4製糸所は、全て原合名会社に売却された（注1）。原合名会社は、当時横浜一の生糸売込問屋といわれ、三井との交渉の経緯は秘密裏に進められ、富岡製糸所や名古屋製糸所など４製糸所の購入は、世間を驚かせた。何れの製糸場もいわゆる「優等糸」エキストラ格の生糸生産の由来をもち、原合名会社製糸部の発足に相応しいものであった。

原合名会社時代には、三井時代に引き続いて津田興二が所長を就任、1905年（明治38）古郷時侍が所長に就任し特約組合の設置を推進、さらに09年（明治42）大久保佐一が所長に就任して、蚕種家らと連携し蚕種や繭質の改良、糸質向上に努めた。

横浜原商店の初代経営者、原善三郎（横浜開港～1899年）は、全国の製糸業者から生糸を買い集め、外国人貿易商に売りつける売込問屋であり、横浜でも１、２位を競う地位にあった（注２）。1899年（明治32）善三郎が死去すると、二代目を継いだ原富太郎は、商法に基づき原合名会社として会社組織に改編、新たに大学や専門学校出身の気鋭な人材を雇用し、生糸貿易や製糸業にも積極的に進出、従来の売込問屋からの脱皮を図ろうとした。

原富太郎は1868年（明治元）岐阜県に生まれ、東京専門学校（現早稲田大学）を卒業、92年原家に入籍した。99年（明治32）家業を継承し原合名会社を設立して社長となり、海外に支店を持ち、生糸、絹織物の輸出を増大させるとともにフランスやイタリア並み「優等糸」の製糸経営に積極的に取り組んだ。また蚕糸業の恐慌時には、第１次及び第２次帝国蚕糸株式会社の設立に尽力し、その社長又は専務に推され大正期の蚕糸業の経済的危機に対処し、横浜第二国立銀行頭取や横浜興信銀行頭取等、横浜実業界においても重責を担った。

原合名会社の経営組織　原合名会社の綱領には、その第一項に「事業の成功は之を外にして其の目的克く公益に伴ふに始まり、之を内にして主従意思の一致より成る」とあり、原富太郎や大久保佐一は正にこの通りの実直な人であったと思える。また顧問・諮問会を置き、これにより「事業の発展を期し守成を全うす」と、新しい事業計画の周到な検討・推進、合理的な運営が行われ、さらに富太郎により優秀な人材が適材適所に配置された（注３）。

横浜における原合名会社の生糸取扱総額の規模は「生糸部の如きは其の取扱梱数は非常に多く横浜輸出生糸総額六分の一強に当たり一ヶ年約六万梱と称さる」とある。原合名会社の内部組織は生糸部、輸出部、製糸部、地所部の４部があり、その特徴と各部の責任者（1917年頃）は次の通りである。

輸出部は「支店を仏国里昂（リヨン）、米国紐育（ニューヨーク）、露国莫斯科（モ

第 8 表　原合名会社製糸部

単位：釜、梱

所在地 創業			規模・釜数				直輸梱数	
県・郡・町村	製糸所名	創業年	1893	1900	1911	1930 年	1901	1930 年
群馬県北甘楽郡富岡町	富岡製糸	1872	(324)	(512)	470	644	(1,000)	2,107
栃木県河内郡平石村	大嶹製糸	1871	(200)	(200)	300	-	(400)	-
愛知県東春日井郡金城村	名古屋製糸	1896		(450)	700	550	(800)	2,427
三重県三重郡三重村	三重製糸	1896		(447)	300	-	(800)	-
埼玉県児玉郡渡瀬村	渡瀬製糸	1887	200	200	-	200	667	460
原合名会社	合計		200	200	1,775	1,394	667	4,994

注）石井寛治（1972）『日本蚕糸業史分析』東京大学出版会、藤本實也（2009）『三溪翁伝』思文閣出版、森本宋（1964）『原富太郎』時事通信社より作成。（　）内は原合名会社所属でない。

スクワ）に置き最近一ヶ年の輸出高五万梱此金額三千五百万円弱と称さる支配人は岡田源吉君なり」とある。製糸部は「生糸は上州富岡尾州名古屋の二ヶ所に設置され富岡所長は大久保佐一君名古屋所長は前田健次君にてエキストラクラシカル製糸額は一ヶ（ママ）四千梱と称せられ芳名頗る高し」とある。なお、製糸部は三井家から富岡製糸場他三工場を譲り受けた後に、新たに設けられた部署である（注4）。

原合名会社製糸部　原合名会社製糸部の役員と組織体制（1933 年頃）は、同族会社であり重役は一族（富太郎親子・女婿含）が占めているが、理事には一族以外に庶務部支配人兼務の岡田源吉や富岡製糸所・名古屋製糸所長兼務の大久保佐一が当てられていた（注5）。

原合名会社は、1902 年（明治 35）に三井経営の４製糸所、即ち富岡製糸場、大嶹製糸所、名古屋製糸所、三重製糸所を一括に譲り受けたが、うち三重製糸所は三重県室山製糸所の伊藤小左衛門の熱心な要望に応じ直ちに譲渡。新たに購入した３工場とこれまで経営していた埼玉県渡瀬製糸所と合わせて製糸経営は大幅に拡大、一躍「優等糸」生産の大営業製糸となった（第５、８表参照）。

以下富岡製糸場と共に原合名会社製糸部の中心となった名古屋製糸所の概要に触れてみる（注6）。三井家は、富岡製糸所を政府から払い下げを受けると、名古屋及び三重県四日市に大規模な器械製糸工場を創設した。愛知県西春日井郡金城村（現名古屋市）に、1896 年（明治 29）御法川式鉄製ケンネル４条繰り 300 釜を整備、同年 10 月四日市三重製糸所に御法川式鉄製四条繰 250 釜・同６条繰 50 釜を整備し操業開始した。両製糸所は「建築の宏壮、器械の優秀、規模、厖大」と業界で評判となった。

1902 年（明治 35）、原合名会社の経営下に入り原名古屋製糸所と改称、渡瀬製糸所長であった前田健次が所長に就任した。三河細谷製糸所以来、器械製糸の経営に経験豊富な前田は、愛知県下で外国種や優良な交配種「黄石丸」「三龍又」の製造・普及に尽力し原名古屋製糸所の経営・技術革新を成功させる。

前田健次・名古屋製糸所長　原合名会社製糸部において注目されるのは、前田喜市、健次兄弟の活躍である。前田兄弟は、埼玉県渡瀬製糸の器械製糸化に貢献、以来原家の製糸経営に深い関わりを持つ製糸経営の専門家であり、優等糸の生産のため技術改良に熱心に取り組み、原合名会社の製糸部門を中心的に担った兄弟と言える。

特に前田健次は、明治末期から大正期にかけての蚕糸業の躍進期にあって、富太郎の片腕として原名古屋製糸所を中心に活躍、愛知県における蚕種改良や交配種、一代交雑種の普及にも深く関わりを持った。

健次は 1861 年（文久元）愛知県渥美郡細谷村（現豊橋市細谷町）に生まれた。82 年（明治 15）父伝次郎は細谷製糸所の創立者であり、兄喜市とともに製糸業に従事した。なお細谷製糸所には大久保佐一も学んでいる。

87 年（明治 20）横浜の原商店が渡瀬製糸所を器械製糸に刷新した機会に、以前から細谷製糸所を通して知りあった前田兄弟は、原商店に雇用され兄喜市は渡瀬製糸所長に就任、96 年に弟健次が兄に代わり同製糸所長となる。

1902 年（明治 35）４製糸所が三井から原合名会社に譲渡されると、健次は名古屋製糸所長に就任する。03 年頃から蚕種の改良、技術員の派遣を図り、所内に蚕種部を設け、優良な欧州種や交配種を輸入し無料で普及に努めた。1900 年（明治 33）愛知県三龍社は交配固定黄繭種「黄繭丸」を、1905 年に白繭種「三龍又」を開発した。これに刺激されて、原名古屋製糸所も「名古屋黄石」「名古屋又」を開発し、積極的に普及を図った。1914 年（大正 3）には、全国蚕種製造番付で前田健次は、全国１位となった（注６）。名古屋製糸所長在任中に健次が兼任した主な役職は次に示す通り。

愛知県生糸製造同業組合組合長、愛知県蚕糸同業組合連合会長。中京蚕種製造同業組合長。第一次・第二・第三次蚕糸救済帝国蚕糸㈱取締役。農商務省中央蚕種審査委員。大日本蚕糸会評議委員、蚕糸業同業組合中央会評議委員。1916 年大日本蚕糸会第一種功績賞受賞、1927 年 11 月 25 日死去。

前田健次は、原富太郎を補佐するとともに原合名会社の関係する全国的な蚕糸業団体、大日本蚕糸会評議委員等の要職にも就いている。彼は「原家に事ふると共に愛知県の蚕糸業勃興に尽瘁し、更に進んで本邦蚕糸業界に於ける重要公職に就き寡からぬ功績をのこした」名士であった（注７）。

1927 年（昭和２)、前田健次が死去すると女婿でもある大久保富岡製糸所長が名古屋製糸所長を兼務する。大久保は、前田健次の名古屋製糸所経営や愛知県での先進的な蚕種改良の取り組みから学び、それを富岡製糸所経営や組合製糸群馬社の創立・経営に活かしている。

第二節 大久保佐一の製糸経営挑戦 ― 日本蚕糸業の躍進期

1902 年（明治 35)、原合名会社は製糸事業に進出、05 年頃には「東洋一の優良品」を大量に生産可能な器械製糸所を傘下にもち、生産量日本一を誇る片倉製糸との対比で世間に注目された。

「近来製糸事業は至る所に勃興し、盛んに其の生産高を競うあり…著者が全国各地を視察し得たる真相を公言せんか、年々製出量の多きに於いては、片倉組の五千梱に及ぶものなく、精良品即ちイキストラに於いては原製糸部の三千梱に肩比するもの有るを見ず、…何れも小規模にして到底原氏の敵にあらざるなり、加之同製糸部の製出品は上海、伊太利の最上品と相拮抗して寧ろ上位にあるも、決して遜色なし、之独り原家の面目たるのみならず、我が国斯業会の掲示なり」と、当時評されていた（注８)。

1912 年（大正元）頃の米国における日本生糸の分類は、甘楽社黛治良の調査によれば第９表のような状況で「大体に於いては横浜市場に於ける格付け等級と大差なき」とあり、原製糸の生糸は「最優飛切」の次「上々飛切」と郡是

第 9 表　米国に於ける日本生糸の評価

器械製糸の格付分類		座繰製糸の格付分類	
最優飛切	室山、山陰製糸	（器械製糸の格付の下に位置）	
上々飛切	原製糸、河野、米子、郡是	優等	姫（碓）、握手（甘）、鉄輪（下）
上飛切	米屋、信勝社、南豊館	一番	五人娘（碓）、赤字（甘）、一桃（下）
飛切	広成社、矢島、佐□、南総組	準一番	菊（改伸社）
信州飛切	松城館、窪田館格		鳥帽子・鶴見川・等（潮進社）
準優等	氷上、共同、片倉、仙台格	一番半	二人娘（碓）、米金（甘）、二桃（下）
上一番	東海社、北勢社、富国館格	準一番半	金紅葉（碓）、銀字（甘）、金文字（下）
一番	林組、小口組、大和組	二番	銀紅葉（碓）、青字（甘）、銀文字（下）
信州一番	岡谷、川岸、小口組、純粋館		

注）1912・8・19「上毛新聞」より作成、（碓）＝碓氷社、（甘）＝甘楽社、（下）＝下仁田社。

製糸と同格で高い評価であった。

大久保は、1909年（明治42）富岡製糸場所長に就任すると、各地に「養蚕指導巡廻監督員」を派遣し養蚕組合の一層の拡大を進め、これを通して養蚕農家から直接繭の購入に取り組むと共に蚕種家や養蚕技術団体と連携し優良蚕種の導入及び養蚕技術の改良に努めた。また彼は大変勉強家であると共に理論家で、業界、専門情報をいち早く収集、市場ニーズを把握し、マスコミを活用して蚕糸業改革の展望を的確に示し、蚕糸業の一大変革期に富岡製糸所の経営・技術革新、女性用靴下のための細繊度な生糸生産「シルクの大衆化」に努めた。

さらに地元南三社（碓氷・甘楽・下仁田社）等組合製糸の改革にも注意を払った。また組合製糸群馬社の社長を受諾し、同社の創立・経営拡充に精力的に取り組んだ。以下、大久保の経歴を示す（注９）（注10）（注11）。

大久保佐一は、1877年（明治10）愛知県豊橋市新川町に生まれる。漢学者楠東学に学び補助教員となるが性格に合わず辞める。その後、93年前田養蚕伝習所、細谷製糸所に養蚕・製糸法を学ぶ。

1894年（明治27）前田合名製糸会社を創設、運営に７年関わる（17歳）。1903年原名古屋製糸所に勤務・原料掛となる（26歳）。05年12月古郷所長とともに原富岡製糸場に転任。09年原富岡製糸場所長（32歳）に就任。

1915年（大正４）群馬県製糸同業組合連合会長。16年蚕糸業同業組合中央会議員・評議員。20年大日本蚕糸会評議員になる。

1927年（昭和２）組合製糸群馬社長兼務、原名古屋製糸所長兼務（50歳）。30年第三次帝国蚕糸㈱取締役。31年愛知県製糸業組合長。32年全国製糸業組合連合会副会長（会長は片倉製糸社長今井五助）、原合名会社理事。

34年（昭和９）10月死去、享年57歳。

注

（１）三井家から原合名会社へ支払われた費用は、他の３製糸所と合わせ23万5千円であった。『富岡製糸場誌』上1977年、87頁、65頁。

（２）明治期の横浜売込問屋体制の確立、石井寛治『前掲書』1972年参照。

（３）1905年頃、「日本製糸業の大勢」『富岡製糸場誌』上803～05頁。原合名会社は綱領や顧問諮問機関を置き、店則は42ヶ条７章から成り、総則、決算方法、店員資格、賞罰、服務心得等を置き、特に服務心得は「同店整然寸毫も紊すなきを知るべし」と、組織統制の徹底を図る。

（４）1917年（大正６）頃、「横浜社会辞彙」『富岡製糸場誌』上801頁。

（５）前掲『富岡製糸場誌』802頁、原典：河合清（1933年）『横浜生糸問屋業組合』志留久社より。

（6）1914 年（大正 3）全国蚕種製造番付、平野正裕「原富太郎と日本蚕糸業の発展」『郷土神奈川』58 号神奈川県立図書館 2020 年 3 月。

（7） 藤本實也『原三溪翁伝』思文閣出版 2009 年、90 ～ 99 頁参照。

（8） 古郷時侍所長の頃、「日本製糸業の大勢」『富岡製糸場誌』上 803 頁。

（9） 藤本實也『原三溪翁伝』2009 年。前掲『富岡製糸場誌』。

（10）『群馬県蚕糸業史』下、809 頁。

（11）「大久保佐一物語（三）」『蚕糸公論』 4 巻 3 号、1935 年、52 頁。

第４章　原富岡製糸所の経営・技術革新 ― 大久保佐一の経営手腕 I

第一節　特約組合の設立と経営・技術革新

原富岡製糸場では、1905 年（明治 38）津田興二に代わり古郷時侍が所長に就任すると蚕業改良部を設け、翌 06 年には養蚕組合（特約組合）の設置を奨励、富岡製糸場は、養蚕組合を通して繭の直接購入を推進した。また繭の表彰制度を設け繭質改善を指導する。原料繭の購入では地域の養蚕家や蚕種家との連携が重視され、製糸家は良質繭の確保や蚕品種の統一を図るため、優良品種を配布しその全量買い上げという方法（特約）で繭の直接購入の拡大を図った。この方法は、1903 年（明治 36）に名古屋製糸所で先行して取り組まれた。

特約組合と口換仕切　　1909 年（明治 42）古郷に代わり大久保佐一が所長になると、さらに特約組合は重視され「養蚕指導巡廻監督員」を派遣して養蚕組合の設立指導を強化し、群馬・埼玉を中心に関東・東山の隣接府県数十カ所に指導員を派遣、次々と組合設立を進めた。

大久保は、群馬・埼玉地方の特約組合は既に数年の歳月と実験とを重ねた団体があり養蚕改善の実を挙げてきた。特約組合を通して繭質整理を確実に進め、蚕種家・養蚕家・製糸家の連携と相互利益の増進を目的にした（注 1）。

特に、養蚕家が自己の失敗を秘密にする事なく進んで組合員と共にその原因を究明し改良進歩の道を講ずることは、農家の精神的発展と意識改革を図る上で大変喜ばしいとする。

また共同販売と口挽仕切については、優良な事例として「新田郡方面の某組合」、同様な事例は「大里、児玉郡、佐波、多野郡方面」（埼玉・群馬県）にもあり、中には平均繭価を５円以上、５円 85 銭を超えるものもあった。

組合・個人を問わず「口挽試験の結果仕切り計算を希望するものが増加している」ことは甚だ喜ぶべきことで、この方法は繭質の改良に効果は疑いない。さらに口挽仕切は「繭の品質、糸量、解舒等機械的試験に依り最も明瞭にその成績を査定」し、的確に品質相当の価格で繭取引の公平性を確保するものと説く（繭検定制度の先進例、1936 年産繭処理統制法）。

しかしこの方法は、大変手数を要するので簡略的な方法として「産繭全部を予め三四段階級に取組起き口挽仕切」をすることが最良と述べている。

産繭品評会　繭質の整理・統一では、1911 年（明治 44）購入繭の第１回品評会を開催、その方法は「予備検・普通・器械検及び特別審査の手順を経た厳重な検査」を行っている。産繭品評会は、以後十数回（大正元年〜同 10 年）にわたり開催され、高山社、競進社等の協力を得て交雑種など配布品種の飼育成果を競っており、その他に県蚕業技師や専門学校の先生の講演も行われ、技術研修・情報交流の場となった。さらに蚕糸業の総合交流の場として農家の意識改革・精神的成長を促し、富岡製糸所と特約養蚕農家や養蚕組合との緊密な交流を図り、繭の直接取引を円滑に進めた。

第１回品評会は 1911 年（明治 44）10 月 21 日より５日間開催（７周年記念）。繭品評会報償授与式では、来賓は「神山群馬県知事島田埼玉県知事以下北甘楽、児玉郡長、南部三社長（碓氷・甘楽・下仁田各組合製糸）、高山、競進両社長、各新聞社長、両県蚕業家出品人約五百名に達し」、大久保社長の式辞、褒賞の授与、両県知事の祝辞等と大変盛大に開催された。品評会受賞者は、優等者 20 名を含め１〜５等計 700 名、他に感謝状が高山社町田菊次郎、競進社浦部良太郎に、功労賞が高山武十郎、木村九蔵等 16 名に贈られた。

第 10 回は 1921 年（大正 10）10 月 29 日から５日間、創立 50 年を記念し盛大に行われた（注２）。

以上、原富岡製糸所時代の養蚕組合の組織化、産繭品評会を通して、糸質・繭質改良と養蚕農家の意識改革への取り組みは目覚ましいものがあった。

第二節　一代交雑種の導入と蚕種の統一

欧州種の移入と交雑種の飼育試験　　1911年（明治44）、大久保は場内に蚕糸研究課を設け、蚕品種の研究に力を注ぎ、国に許可を得て外国種、伊・仏国黄繭種（名称仏国［ヴァール］・伊国［ポレヂァロ］又は［ヂァロアスコリ］各百オンス・計二百オンス）を輸入した。その飼育法や一代交雑種研究のため富岡製糸場を試験本場とし、群馬、埼玉両県の優良養蚕農家約200名の協力を得て支場として、無償で新品種を配布し試験期間を５年間として飼育試験に取り組む。その際、両県内の養蚕技術団体である高山社・童児社・競進社や田島弥平ら蚕種家の協力を得ている（注３）。

関東北官民合同蚕業研究会　　富岡製糸場では、1914年（大正3）10月第４回品評会開催と併行して２日間一代交雑種研究のため、第１回「関東北官民合同蚕業研究会」を開催、官民関係技術員並びに蚕種家数百人が参加した（注4）。富岡製糸場蚕業改良部から「外国種の飼育並に製造法」が報告・討議され、その後東京高等蚕糸学校教授岩淵平介「交雑種と微粒子病との関係」、蚕業試験場前橋支場長肥後俊彦「交雑種に就いて」の講演が行われた。

第２回「関東北官民合同蚕業研究会」も翌年11月に第５回品評会開催時に併行して２日間開催され、前年同様、官民関係技術員数百名が参加。蚕業改良部は「金豊（欧州純粋種）黄白（支欧交雑種）製造要領並に掛合金豊、掛合黄金及び黄白種普通飼育要領」を報告、下記問題を討議した。

①上簇中、種繭保護中、産卵中の温度の次代蚕児に及ぼす影響。②欧州種、支那種と本邦種に比較し発蛾当日産卵及び産卵数僅少の要因解明と改善。③簡便正確に雌雄を分離する方法。④簡便安全なる種繭冷蔵の方法。⑤欧州種、支那種の微粒子病及び糞結病との関係。

講演会は次の通りであった。１ 欧州に於ける蚕種業の実況、上田蚕糸専門学校教授、勝木喜薫。２ 蚕病と飼育表との関係、東京高等蚕糸学校教授、岩淵平介。３ 蚕の品種と遺伝について、蚕業試験所技師、外山亀太郎。

まさに外国種や交雑種の飼育研究のため、上田蚕糸専門学校、東京高等蚕糸学校の教授、外山亀太郎等、当時の一流研究者を招いての大研究会であった。

1915年（大正４）開催の「関東北官民合同蚕業研究会」の成果を基に一代交雑種に優良性を認め、国とほぼ同時に一代交雑種の製造・配布に着手した。「本所（富岡製糸場）を中心として交雑種の製造に着手し、優良原種の普及に関する大方針と其の方法を確定」（注５）している。

一代交雑種の製造・配布　蚕種の製造・配布では「上武蚕種家六十名に対して黄白蚕種の依托製造をなし其の蚕種飼育に対して蚕種代金の補助」を行った。委托蚕種製造者には、群馬県内では北甘楽郡庭屋静太郎、多野郡高山社・町田菊次郎・高山武十郎、佐波郡田島弥平、勢多郡桑島定助・塩原佐平、他に群馬郡、碓氷郡、新田郡の蚕種家ら計36名が、埼玉県では競進社他、児玉郡、大里郡、北埼玉郡の蚕種家計18名、他６名が選ばれた。

蚕種分譲の方法は、一般養蚕農家には、春蚕の場合「外国種系統（黄繭及白繭）特別蚕種一枚九十銭、一代交雑種（黄繭及白繭）特別蚕種一枚一円二十銭」とする。また100枚以上の飼育者又は団体で共同購入並催青する者に対し、助成金を、800枚以上は助成金並びに養蚕教師の奨励補助を行った。秋蚕の場合もほぼ同様な奨励補助を行った。

『富岡製糸場史』では、「大正四・五年の二ヶ年には外国種の委託製造を為し多大の犠牲を払ってこれを養蚕家に供給し、又夏秋蚕に就いて日欧交雑種の優良を認め養蚕家に提供し希有好成績を収め、秋蚕種に関する一新紀元を作るに至った」（注６）とある。

伊豆に原種農場の設置　1930年（昭和５）年に大久保所長は、優良品種確保のため原富岡製糸所内に「蚕種改良組合」を設置した。塩原佐平、田島弥平、小林多一郎、関口嘉衛門、福島蔵之助、競進社を含む群馬、埼玉、愛知の３県の蚕種業者ら14名が参加した（注７）（写真参照）。

１月８日に大久保は、組合を立ち上げると直ちに原種農場を探すため、組合員と共に伊豆に出かけた。そこでは、既に愛知県の蚕種家や郡是、片倉等の大製糸家が着眼し、特に天城山以南の養蚕家は殆ど種繭飼育分場に変わっていて、格別有利な条件でなければ契約は頗る困難であった（注８）。

当時蚕種家は、製糸家から糸量が多い蚕種を要望されそのため原種の飼育法として「低温多桑飼育」（飼育日数約40日、田島弥平の清涼育に類似）を実施したが、これに適した桑葉の確保に苦心したと語る。

火力を用いて飼育日数32、３日要する飼育法は病毒に侵される事少なく飼育が容易で蚕種家には有利である。この反面「飼育日数四十日以上を要する低温多桑飼育に依る蚕種を養蚕家が飼育すれば糸量多く製糸家が歓迎して高値に購入するに至る即ち愛知や京都の優良蚕種家の産繭が糸量豊富なるを見ても明らか」である。しかしこの飼育法は①往々病毒に罹り易い、②桑葉の充実したもの（夏秋蚕を飼養しない桑園）を用い精良乾燥地で飼育する、③特に気候温暖で蒸熱の天候に遭遇しない等が必要な条件である（注9）。以上、大久保は製糸家であるが、蚕種製造に関しても造詣が深かった。

1930 年 1 月 8 日蚕種改良組合（大久保は左から 10 人目）

第三節　御法川多条繰糸機の導入と一層の高品質生糸の生産

煮繰分離・半沈操式　原富岡製糸所では、1911 年（明治 44）第二工場（1896 年タンク北側に整備、鉄製三口取「ケンネル」式 124 釜及び付属煮繭釜 62 釜、計 186 釜）を廃し、520 釜の繰糸工場は一つに統合。同時に 1900 年以来の第一工場「二条取共然式」繰糸機を全部新式三条取「ケンネル」式に改修した。

1916 年（大正 5）から新台の一部を沈繰法に変更（煮繭法を工夫し繭を沈めた状態で繰糸する方法、解舒が良好で節が少なく燃料が節約になる）、さらに翌17年には新台全部を、同年には煮繭場を整備し工場全部を沈繰法に改め（後に半沈繰法に改修）且つ全部を 4 条繰とした。1924 年（大正 13）、能率と糸質改善の目的で御法川式多条繰糸機（20 条）48 釜を試験的に設置、後に 18 条繰りに改修した（注 10）。

これには第 1 次世界大戦後、米国の生糸需要が増大し需要の多くが女性用靴下の製造に供せられたという背景がある。このため原料の生糸は 21d 中から 14d 中の細繊度となり、糸状斑、類節の少ない高級で斉一なものが要請され、生糸検査も厳格になった。そこで糸状斑や類節のない高度な製糸技術が求められた。

多条繰糸機　大久保は、御法川式多条繰糸機の「低温・緩速繰糸法」について、その独創性を高く評価するとともに課題も指摘している。当時「毀誉紛々たる御法川最新式」と評価が明確に定まらない中、「従来一般に繰糸せし方法とは全然異りたる点多く殆ど様式の相違せる」（注 11）と、その独創性に注目していた。1924 年 6 月、御法川多条繰糸機は米国フィラデルフィアで開催された万国博覧会で優秀性が認められ、この繰糸機による生糸は所謂「ミノリカワ・ローシルク」として米国生糸市場で高価格で取引された。

1931 年には、TO 式多条繰糸機（20 条）416 釜、同（8 条）20 釜、御法川式（20 条）180 釜、合計 664 釜全部を多条繰糸機に改めた。しかし、34 年には 68 釜を削減するに至った。なお、TO 式多条繰糸機（富岡式）については、御法川式多条繰糸機を大久保が研究（直繰式を揚返式に）し小枠や繰糸鍋を改良し半沈繰に適したもの、また同型 20 条で小枠は同じで鍋が鋳鉄製の SO 式は群馬社で

第 10 表　多条繰糸機一覧

名　称		御法川式	TO 式超高級繰糸機	SO 式多条繰糸機
	製作所	合名会社御法川	原富岡製糸	SO 式製糸器械部
	発売所	同上	販売せず	大久保商店
構造の概要	材料	金属	金属	金属製
	緒数	二〇条	二〇条	二〇条
	接緒器	固定式		固定式
	繰 枠	アルミニューム製	軽金属	アルミ製
	繰枠停止装置	自動式	特殊完全切断防止	自動式
	繰糸鍋	鋳鉄製	鉄筋コンクリート・タイル	鋳鉄製
	索緒装置		波繰特殊・労力索緒	自動式
	絡交装置		連振	
特　質				二台共通一鋳鉄三重鍋 向合せ 40 条立繰式
	生産能力	春繭 300 匁	春・晩秋	春繭
	日繰糸量	夏秋繭 200 匁	135 ～ 170 匁	140 ～ 200 匁
	繰糸湯の温度	90°F（32.3°C）	80~100°F（26.7~37.8°C）	100 ～ 110°F（37.8 ～ 43.3°C）
小枠	回転数（一分間）	30 ～ 200 回	50 ～ 100 回	55 ～ 94 回
	周囲	660mm	485mm	480mm
販売	台数	12,000（昭 6.10）	非売品	2,523
	先別	片倉大宮工場他	非売品	群馬社他
	販売原価並	250 円		特号機 250 円、一号機
	据付費	15 円		200 円、二号機 150 円

注）大日本蚕糸会（1935）『日本蚕糸業史』第二巻より作成

使用したが、向合せ40条繰もあった（注12）（注13）（第10表参照）。

一層の高品質生糸の生産　大久保は、第1次世界大戦以降問題になった生糸の類節「夥多《かた》なると尠少《せんしょう》なる」ものの差異について「蚕品種の優劣、飼育用桑及び飼育法、繭の取扱並に解舒、繭の乾燥、煮繭其他繰糸上の技術等に関係する処多きは勿論なるも之以外に最大原因を悟り」その研究結果（注14）を公表して斯界に貢献したいとする。

大久保は製糸家が良質糸の確保のため繭品種・形状改良（縊《くび》れ目）にこだわったが、成果はなかったと述べている。

そして自分が「苦心研究せる結果を公表して斯界の注意を喚起」し研究に貢献したいとする。その成果は「熟蚕の上簇より営繭中の温度二六時中高低少き場合は、繭の質節尠なく是に反し温度の変化激しき場合と寒冷遭遇せし時は其程度は随って漸次類節増加」する、従って「繭の質節は製糸上の技術を以て除去することは頗る困難」で、効果は収め難いと論ずる。

大久保は、糸質改良に積極的に取り組み、欧米市場の販路拡大（米国比重高まる）、また国内機業地にも販路を拡充させた。生産シルクの品質規格は「別製飛切上、飛切上、飛切、一等」を輸出糸に、国内向は「器械製糸及び座繰糸」とし、以上6種類に区別した（注15）。富岡製糸所で生産された「飛切上」は所謂本邦エキストラ系の優秀品として市場で賞賛され、また「別製飛切上」は伊・仏両国の優等品に匹敵し海外で名声を高めた。

その結果、1902年（明治35年）生産額790梱（1梱＝9貫目）から、1912年（大正元）2100梱、1918年（同7）には3100梱に達し、以来これを前後する生産量を維持した。しかし、優等糸、高格糸の生産を極めた経営者能力豊かな大久保所長には、新たな経営挑戦の機会が待っていたとも言える。

注

（1）大久保佐一「蚕業組合の実績」（1）-（3）上毛新聞1912年8月13~16日。

（2）産繭品評会、授与式、前掲『富岡製糸場誌』上780、957~65頁。

（3）欧州種の輸入と一代交雑種の飼育試験、前掲『富岡製糸場誌』787~97頁。

（4）第一、二回「関東北官民合同蚕業研究会」、前掲『富岡製糸場誌』779~80頁。

（5）新種普及・原製糸事業、上毛新聞1915年5月6日。

（6）『富岡製糸場史』、前掲『富岡製糸場誌』779頁

（7）「上毛新聞」1930年1月8日。

(8)「上毛新聞」1930年1月18日。

(9)「上毛新聞」1930年1月19日。

(10) 沈繰、半沈繰法採用、前掲「富岡製糸場史」『富岡製糸場誌』上779頁。

(11) 大久保佐一「毀誉紛々たる御法川最新式」(上)(下)上毛新聞1925年2月6~9日。

(12) 大久保は高格糸生産のために、多条繰糸機の改良に様々な工夫を施している。大日本蚕糸会『日本蚕糸業史』第二巻、1935年、397頁。

(13) 前掲『日本蚕糸業史』398、401~402頁。

(14) 大久保佐一「繭糸類節に関する実験について」(1)~(3)、上毛新聞1926年10月16~23日。

(15) 藤本實也『原三渓翁伝』82、84頁。

第5章　組合製糸群馬社 — 大久保佐一社長の経営手腕Ⅱ

群馬社全景

第一節　組合製糸群馬社の創設と経営

群馬社の創立　1920年(大正9)の経済恐慌、23年の関東大震災が、蚕糸業経済全般に大打撃を与え、倒産者は相次ぎ、養蚕農家に対する繭代金の支払い不能が増加し農村の疲弊は極度に悪化した。群馬県では26年（大正15）12月通常県会において満場一致で「養蚕農家救済に関する建議書」が議決された。これを受け新しく赴任した百済文輔知事は、新政策に意欲的で県下の蚕糸業有力者に諮問、27年1月6日「蚕糸業関係者の有力者を県庁に招いて群馬社の議を提案」審議され、2月21日有限責任販売組合群馬社が設立認可された。（注1）

初代社長には、「一 群馬社は営業製糸としての特質を多分にもっている性格であること。二 社長は従来の組合製糸の場合のように、地方名望家や政党関係の野心家であってはならないこと。三 したがって、新社長には、個人企業の営業製糸家的な手腕を持つ者でありたい」と（注2）。以上の3点から人選が行われた結果、原富岡製糸所の大久保佐一所長に白羽の矢が立てられた。

大久保起用については賛否両論があったが、「県知事と県会議長は、大久保氏貰いに原富太郎の私宅を訪問して懇請したが、相対立する営業、組合製糸としてはどうにも即答できなかった。結論は大久保個人に会って決めろ」と言うことであった。大久保との交渉では、「一 原製糸の製糸部には従来通り従事する。二 知事と内務部長は社長同様の任を負う。三 長岡（義雄）氏を専務取締役とし、職員は社長に一任すること。四 組合員募集は県当局で引受ける。五 県当局と重役がこの条件を承諾すれば社長に就任する」という五つの条件を出した。

県はこれを呑んで社長問題は解決した（注3）。

それは営業製糸の手法を新しい組合製糸に導入するとともに、旧い組合製糸（南三社）の停滞状況を解決する実践的モデルとされた。当初計画では、「組合

群馬社繰糸工場内

員5千人、出資金150万円を募集し、300釜、乾燥装置・繭倉庫を設け、蚕種統一」までやると目標にされた（注4）。群馬社は、生糸製造販売の他に乾繭処理と販売、蚕種製造まで行うことになっていた。

実際の操業時点では、1927年6月、群馬社は組合員1万2228人、出資金総額122万8150円で、群馬郡元総社村（現前橋市元総社町）に1万5千坪の敷地を確保し本社工場を建設、350釜を以て操業を開始した。

短期間の施設整備　群馬社の短期間における施設整備の拡充に関しては、大久保の豊富な知識や経験が活かされ、本社工場は350釜（8条繰300釜、6条繰50釜）でスタートし、他に揚返機、煮繭機、繭乾燥機を整備、翌28年に360釜（12条繰）、29年東毛工場を450釜（旧式機械）で開設した。

1930年（昭和5）には本社工場を715釜に、東毛工場880釜（旧式を廃し、SO式20条に）、沼田工場320釜（12条）、安中第一工場300釜（12条）、安中第二工場50釜（7条）と次々と施設を整備し合計2265釜（普通機400釜・多条機1860釜）になり、単体の組合製糸としては日本一の規模に発展した。30年組合員数1万5732人、1人平均供繭50貫としても約80万貫の繭を加工する施設が必要なことから、早急な施設整備が必要とされた（乾繭での販売も可能であった）。

多条繰糸機の装備については、大久保亡き後の1936年（昭和11）にも改装が行われ、20条式1140釜、12条式720釜、計1860釜となった。なお1935年には絹靴下の製造（月産600打）を開始している（注5）。

高品質な高格糸生産のための基本である工女らの短期間繰糸技術の習得には、富岡製糸所で訓練が行われ、開設後は富岡製糸所の工女が教婦として群馬社に派遣させられた（注6）。

1937年の群馬社における工女の合計数は1740人で、その出身地別内訳は、県内は1100人でうち本社付近223人、吾妻515人、甘楽・多野178人、碓氷168人で、県外は640人で内埼玉60人、新潟330人、山梨150、長野県100人である。県内では吾妻地域や西部の養蚕地帯が多く、県外では新潟県が多かった。「工場は近代設備で1000人を入れる大食堂や教養・娯楽の施設もあり、一般市中工場よりもはるかに待遇もよかった」といわれている（注7）。

優良蚕種の確保と飼育法の改良　大久保は、当時、アメリカ市場が求めた女性用靴下の製造ための高格糸が生産目標であり、そのため優良蚕種の確保と

第 11 表　全国・群馬県内蚕種製造上位者　　単位：千グラム

年	全国順位	数値	全国上位者名	所在地	県内順位	数値	県内上位者名	所在地
31年（昭和6）	1位	14,318	郡是製糸㈱	京都、綾部	2位	461	小林多一郎	群馬、佐波、茂呂
	2位	14,281	片倉製糸㈱	松本市	3位	379	碓氷社	高崎市
	3位	3,664	新綾部製糸㈱	神戸市	4位	340	小茂田籐橘	群馬、佐波、豊受
	4位	3,606	河田悦次郎	愛知、東春日井	5位	314	大久保佐一	群馬、北甘楽、富岡
	8位	1,415	坂東蚕業㈱（県内1位）	前橋市	6位	249	群馬社	群馬、群馬、元総社
36年（昭和11）	1位	15,430	郡是製糸㈱	京都、綾部	3位	648	大同社	群馬、佐波、茂呂
	2位	14,332	片倉製糸㈱	東京、京橋	4位	459	親仁館	群馬、佐波、豊受
	3位	5,508	昭和産業株	神戸市林田	5位	446	佐波第一蚕種製造所	群馬、玉村
	5位	2,336	群馬社（県内1位）	群馬、群馬、元総社	6位	438	群馬蚕業組合	群馬、元総社
					7位	310	横山秀	群馬、富岡
	10位	1,631	碓氷社（県内2位）	高崎市八島				
37年（昭和12）	1位	17,247	片倉製糸㈱	東京都、京橋	3位	1,462	群馬蚕種共同施設組合	群馬、群馬、國府
	2位	16,824	郡是製糸㈱	京都、綾部市	4位	1,181	坂東蚕業会社	前橋市、岩神
	3位	6,021	昭和産業株	神戸市、林田	5位	1,028	北甘楽合同蚕種会社	群馬、富岡
	8位	2,066	群馬社（県内1位）	群馬、群馬、元総社	6位	786	新田蚕種共同施設組合	群馬、尾島
					7位	630	佐波蚕種会社	群馬、佐波、豊受
	10位	1,687	碓氷社（県内2位）	高崎市八島				

出典：和田慧「伊勢崎市島村における歴史的集落の町並み保全」『群馬県立世界遺産センター紀要』より作成。

養蚕飼育法の改良、多条繰糸機の導入に積極的に取り組んだ。

当初から蚕種の統一には特別に注意を払い、1929 年には組合員蚕種家 220 名を組織し「群馬社蚕種組合」を結成し、沖縄県で原々種増産計画をたて、同年群馬郡国府村に原々種製造所を設置した。そして 30 年南橘村に桑園（１町６反余）を確保し蚕種の統一を図るため原蚕種製造所を新設して組合員蚕種家らによる指定蚕種の製造を実施した。さらに 32 年に普通蚕種製造所を本社構内に設立した（注８）。第 11 表から、群馬社の蚕種重視の意気込みが分かる。

指定蚕種については、以下に示すとおり（群馬社「養蚕改良指針」1931 年）。

春蚕種は白繭では、群馬社白一号×同白四号（支々一、二化交雑）、群馬社白三号×同白四号（支欧一、二化交雑）、群馬社白三号×同二号（支欧交雑種）。黄繭種では、群馬社黄一号×同黄二号（支欧交雑種）。

初秋蚕種は、群馬社白七号×同白五号（日支二化二化交雑種）。晩秋蚕種は、群馬社白四号×同白五号（日支二化二化交雑種）、であった。

群馬社「養蚕経営方針」（1931 年）では（注９）、蚕種の統一の他、養蚕飼育法の改良や桑園改良等を重視している。その内容は、一 指定蚕種の統一飼育、二 飼育法の改善統一、三 上蔟改良の徹底、四 収繭選別の向上、五 桑園改良に関する事項、六 共同事業項の徹底の六項目について触れている。

指針の特徴は、量より質の指導徹底で、高格糸確保のための優良繭の生産確保である。①群馬社独自に原々種を保持しこれを利用した独自の交雑種による繭品質の統一を図る。②春蚕と晩秋蚕に力を入れた掃立、薄飼いを奨励。③上簇を六齢飼育と位置づけて重視（糸斑や纇節に対応）する。④桑代は繭代の6割として多回育に対応した桑園の改良、肥培管理、仕立法や収穫法を重視しする。また、大字や集落を単位とする供繭組合について役員体制や組織活動の詳細、年間のスケジュール表の作成まで指導は触れている。このことは町村農会では、養蚕と耕種部門の作業適期の調整を図るために有益で、稲麦作の生産力の向上に貢献すると評価された。

高格糸の生産　大久保が重視する糸質と糸価について、1927年（昭和２）、28年、29年の状況に触れてみる（注10)。

「昨年（昭和２年）六月二十七日より繰糸を開始せるが、当初は細糸を有利と見て白一四中を繰糸し、昨年十二月より主として黄特太二一中を繰糸せり…
…尚（昭和３年）春繭受け入れ当時の糸価は最優等格標準相場は一四五〇円（百斤当）前後を往来せし、其後漸次下落し八月十五日には一二九〇円なり」

1928年度糸況は「前年度末からのニューヨーク市場の荷嵩み、端境期の売急ぎなどで標準糸価は大正九年以来の最安値で百斤当たり一二二〇円となり、六月二十日には一二七〇円、十月には一四〇〇円となった。この間吾が国の経済界は不安定であり、生糸を売る好機を見極めるのが大変であった。…群馬社のこの期の浜出生糸百斤の平均価格は白繭の「一四中」が一四八一円・黄繭糸「二一中」一四一八円となり、一応の好結果に終わった。」

1929年度は100斤当たり5月20日～9月21日は1330～1310円、10月

第12表　群馬社の年次別配分金・時価比較

単位：円

年次	1927年度		28年度		29年度		30年度		31年度		32年度	
期別	配分金	時価	配分金	時価	配分金	時価	配分金	時価	配分金	時価	配分金	時価
春繭	7.25	6.80	7.50	6.70	△7.42	7.50	△3.95	4.03	3.00	3.00	△2.13	2.20
初秋繭	3.84	3.50	5.55	4.50	△5.40	5.62	2.15	1.88	△2.36	2.60	3.43	3.20
晩秋繭	5.61	5.30	6.80	6.50	△6.00	6.46	2.64	1.64	△2.49	2.75	5.17	5.10

年次	33年度		34年度		35年度		36年度		37年度		38年度	
期別	配分金	時価	配分金	時価	配分金	時価	配分金	時価	配分金	時価	配分金	時価
春繭	△3.52	5.80	2.60	2.30	4.08	3.60	5.23	4.65	5.04	5.63	4.85	4.23
初秋繭	△2.19	3.70	1.84	1.50	3.78	3.70	4.75	4.50	△3.77	3.78	5.00	4.05
晩秋繭	△2.67	3.80	2.88	2.40	△5.56	5.70	4.94	4.50	4.35	4.34	6.00	5.39

出典：『前橋市史』第五巻、第245表・1596頁。但し△＝配分金が時価より低い。

14 日～ 12 月下旬は 1200 ～ 1175 円、2 月末～ 5 月 30 日は 1130 ～ 1188 円で、年度末に向かって価格低下にあった（注 11）。以上から創業 2 年目以降、高格糸の生産を達成する経営・技術力が認められており、大久保社長の経営手腕が示されている。セリプレーン検査に耐える糸斑《むら》が少なく均一で類節の少ない 14d 中や 21d 中の高格糸が生産された（注 12）。そのため組合員に対して蚕種の統一や養蚕飼育法（上簇後の温度管理等）の改善指導が徹底されていた。しかし、1930 年から深刻な経済恐慌の影響が見られ、糸価は暴落し経営は悪化した。

繭価の保障　　高格糸を生産する上で最も重要なことは、良い繭を確保することであり、そのため供繭組合に組織化された養蚕農家に時価相場より少しでも高い配分金（仮渡金＋精算金）で繭購入を保障する必要があるが、第 12 表に示すとおり、特に 1929 年、31 年、33 年度の 3 年の配分金は低く、大久保社長の在任時（1927 ～ 34 年）であるが時価相場に達してない。

明治の組合製糸では、養蚕農家は繭生産＋加工（座繰）が基本方式であったが、昭和の組合製糸は繭加工を大規模製糸工場に集中し、多回育養蚕農家（春蚕、初秋・晩秋蚕）に再生産可能な価格保障をする必要があった。繭加工を失った代償に優良繭の生産に専念する組合員に、不況時でも繭価格を時価より少しでも高く買取価格を保障することが、基本的に重要な役割であった。

27 年に創業し 29 年・30 年の世界恐慌に見舞われ糸価は暴落。高格糸の生産や大規模組合製糸の経営基盤の整備と事業の拡充にひとまず成功したが、群馬社は、繭購入の価格で養蚕農家の期待に一時期応えていなかった。

群馬社事件　　1933（昭和８）年群馬社は、本社敷地内に蚕種製造所を新築し、普通蚕種の製造に乗り出した。そして自社製造蚕種に補助金を出して普及を図ろうとした。これに 34 年９月佐波・勢多郡の蚕種業青年会 40 名は抗議行動に立ちあがり、群馬社の蚕種政策と経営方針に反対の抗議文を県に提出した。このことが群馬社事件の発端となった（注 13）。

この年陸軍特別大演習で天皇の地方行幸地の一つに群馬社が挙げられ内定していたことに、一部組合員からこの機会を狙って群馬社に不正ありと 10月８日、前橋地方裁判所検事局に告発される事態となり世論の注目となった（注 14）。

10 月 19 日金沢知事はこの事態を深刻に受け止め宮内庁に出頭して行幸は拝辞の申出がされ、自らの進退伺いを提出した。また、県は急ぎ真相究明の調査を開始した。同20日には大久保社長と都木重五郎、森川抱次両副社長、長岡義雄専務の３重役は辞任し、県が責任をもって改革を進めることになった。同22日大久保佐一は、責任を重く受けとめ群馬社の重役宿直室で自殺を図った。

告訴事件は、県の調査結果から不正なしと判明したが、重役全員が辞職したため、1935年（昭和10）２月群馬県書記官の松沢達雄（県経済部長）・地方農林技師の為永繁三が群馬社の官選理事として派遣され、松永社長代理の下で事件後の再建が始まった。３月８日に臨時総代会が開催され現役16名の理事が選出され、大蔵省・農林省・産業組合中央金庫・日本勧業銀行の了解を得て社業改革を進め組合員の信用回復に努めた。こうして1934年度（昭和９）は、３期（春蚕、初秋蚕、晩秋蚕）とも時価を上回る配分金（繭代金）の支払いができた。35年９月上田蚕糸専門学校の教授であった早川直瀬農学博士を社長に迎え、事件後の１年となった（注15）。

第13表　群馬社事業概要

年度	組合員数（人）	供繭数量（千貫）	生糸生産高（貫）	生糸販売額（千円）	繭販売額（千円）	剰余金（円）	借入金高（千円）
1927	12,228	218.8	11,405	917.2	767	4,0841	1,369.0
28	11,835	164.4	15,946	1,352.1	180	40,819	1,261.6
29	11,052	349.4	33,350	1,321.7	211	3,692	2,336.3
30	15,734	876.3	56,428	2,418.8	838	4,264	2,846.9
31	17,920	907.2	90,564	3,132.9	252	1,592	3,359.0
32	18,127	868.2	94,827	4,035.8	48	117,950	3,452.0
33	18,344	1,215.9	10,4397	3,698.7	14	129	4,324.6
34	18,330	713.7	10,5542	3,975.3	183	10,311	3,933.7
35	18,273	660.5	65,067	3,242.1	392	30,029	3,581.1
36	15,480	740.7	83,283	4,171.8	280	171,879	3,046.1
37	15,600	835.0	85,895	4,020.6	256	9,134	2,761.4
38	15,588	597.3	78,689	4,166.2	203	212,540	1,916.7
39	15,598	710.0	69,808	6,707.3	872	29,253	2,252.8
40	16,540	922.7	80,432	6,935.1	―	0	2,338.3
41	16,130	―	55,824	3,376.7	―	116,473	1,023.2

出典：『前橋市史』第五巻1601頁・第247表、宮崎俊弥『群馬県史研究』19号表９より作成
（注）借入金高は年度末残高を示す。

監査結果と経営評価　1935 年（昭和 10）２月公表の 34 年度監査報告を要約すれば、① 33 年度（昭和 8）供繭に対する赤字 112 万円は早期に解消する必要がある。②借入金 396 万円については、内訳は過渡金及仮渡金 230 万円、固定費 91 万円、預金及現金 54 万円、流動費 20 万円であり、予想外の借入金があるかの如く噂されていたがそうでは無かった。③結論として、本社は「創立日尚浅く、今日迄拡張に拡張を以て終始し、其間何等組合員の訓練に意を用いず、…組合員との連絡に遺憾の点多々あり」、疑惑が疑惑を呼んで不祥事が起きてしまった。調査では何ら不正は発見されず（注 16）。一因に購繭問題もこのような状態で起きたことを反省し、今後の更正を期待する（注 17）と結ぶ（第 13 表参照）。

なお、施設の「拡張に拡張を重ね」た理由も、最初から１万２千人の組合員をもつ単体の大規模組合製糸として創立され、供繭された大量の繭加工の必要性から施設整備の緊急性はやむを得ないと考えざるを得ない。しかし、組合員の意思疎通や連携には深い反省と相当の配慮が必要であると思われる。

第二節　日本蚕糸業の改革と展望

組合製糸群馬社と片倉・郡是　大久保社長は、富岡製糸所長としてその経営刷新を成功させると、群馬県蚕糸業組合会長として、さらに初代群馬社社長として大規模集中型工場をもつ組合製糸経営に乗り出し、ひとまず経営を軌道に乗せることに成功し、さらに事業の拡充を目指した。

かつて 1915 年（大正４）出張の折、大久保社長は長野県川岸村に片倉兼太郎（片倉組２代目）を訪れ、我が国蚕糸業について語り合った。その時の様子について、大久保は「温顔なる翁は徐にトラスト的発達を順々と説かれたのである。私は誠に然る可きことと首肯し賛成の意を表すると同時に、一面に於いて産業組合製糸に改善を加へれば是また相当発達すべきものと唱へ、快談夜の更ける知らず」（上毛新聞 1929.10）と語っている（注 18）。

片倉製糸のトラスト的発展とは、直営による優良蚕種の製造、特約組合等の垂直的統合や全国展開で、普通糸から優等糸、さらに高格糸量産のため御法川式多条繰糸機の独占的使用等の技術・経営革新を図る大規模営業製糸への道である（大久保亡き後、1938 年原富岡製糸所は片倉製糸工業に売却された）。

郡是製糸のトラスト的発展とは、直営の優良蚕種の製造・配布、特約組合（口挽仕切）等による優良繭購入の取り組みは早く、沈繰による優等糸・高格糸の量産のための技術的・経営的革新を図る高格糸の独占的生産への道であった。大久保は、原名古屋製糸所を通して優良蚕種の重視や特約取引は郡是製糸から学んでいる。

大久保は、特約組合による優良繭の確保、煮繰分離や半沈繰による高格糸の生産競争を意識して、蚕種家、養蚕家、製糸家のトラスト的連携を考えていた。大久保には南三社を原富岡製糸所の下に統合し、優等糸から高格糸への技術革新・経営革新を図り、高格糸の量産グループの一角を占める可能性が残されていた。しかし、関東大震災による横浜の被害と原家の実状がこれを許さなかった（注19)。

そこへ群馬県会の「養蚕農家の救済に関する建議」と百済群馬県知事の英断による組合製糸群馬社創立の道が開かれ、社長への就任要請が求められた。恐慌下の産業組合製糸には、県・国の公的資金支援の他に産業組合運動の高まりの中、産業組合から信用事業を通して金融支援の可能性もあった。

大規模集中型工場の利点を取り入れた組合製糸においては、供繭組合による優良繭生産確保の利点を活かし、新しい組合製糸発展の構想を広く組合員関係者に理解を得る必要があった。しかし、新しい組合製糸創立の最も重要な仕事の一つである組合員確保や組織育成の仕事を、大久保は社長就任の条件で県の責任で組合員を確保するとしたため、後に監査指摘の「組合員との連絡に遺憾の点多々あり」と組合員との意思疎通の不足が大きな盲点になった。

組合製糸群馬社が創立され、その社長として経営の任に当たり、大久保は「その計画規模は未だ小なりと雖も、理想を実現し得たるは、往時を追想して誠に愉快に堪えない。群馬社は斯業者と親しく協調しつゝ群馬県一円を組合製糸化して当初の目的を達成し、全国に模範を示して我が国蚕糸業の経営組織を根本的に改革し基礎を強固確立する大なる理想を持つ」と語っている（注20)。

1932年（昭和7)、大久保は全国製糸業組合連合会の創立とともに副会長に就任（会長は片倉製糸社長今井五介）する。その夢は台頭し、全国展開する郡是・片倉等の巨大営業製糸に対抗可能な組合製糸群馬社の発展であったと思われる。しかし、34年、群馬社事件により大久保の夢は挫折する。

組合製糸と地域農業　群馬県では、大正～昭和初期には、養蚕に傾斜した県農業を耕種部門の振興による農業経営複合化が奨励されていた。養蚕農家は養蚕＋座繰りから、小規模繭加工を分離して大規模集中型工場に転換させ、養蚕は春蚕＋初秋蚕＋晩秋蚕の三蚕期養蚕へと合理化し、高度に集約的な稲麦・養蚕複合経営への展開が進展していた（注 21）。

群馬社の主な対象地域は、勢多、群馬、佐波郡等で、南三社拠点の西毛地域と比較すると水田率が高く二毛作の盛んな地域であった。水田率の低い県西部（南三社）地域では繭加工に執着が見られるが、水田率の高い中部、東部地域では、三蚕期の集約的養蚕と、集約的な稲麦二毛作の結合、高度に集約的な複合経営確立のためには年間の農作業調整が大きな課題であった。

経済恐慌下の経済更正運動においては、三蚕期養蚕と耕種部門との年間作業調整や季節雇用調整が図られ、適期作業や堆肥の増投による稲麦作の著しい単収向上が図られ、1935 年から 39 年（昭和 10 ～ 14）には稲麦総合生産力は全国高位の仲間入りとなり、高度に集約的な稲麦・養蚕複合経営の確立が見られた（注 22）。

２代目・３代目社長　群馬社２代目に早川直瀬社長（1935 年９月 22 日～ 38 年３月）が就任し新体制がスタートする。36 年５月に産繭処理統制法が制定され、特約取引が認可制となり、大規模営業製糸の郡是、鐘紡が特約組合を通して取引が活発となり、南三社、群馬社地域に積極的に進出する。群馬社では 35 年～ 36 年の間に組合員 2675 名の大量脱退者が出て両社を告訴する（後に取り下げ）。

37 年３月には、農林省は群馬社に係官２名を派遣、①根本的再建案の樹立と実行、②経営の合理化、③町村産業組合との連携を指導する。特に、負債の削減のため資本金の減資（50 円を 35 円に減額し、差額 15 円× 34442 口総計 50 万円以上）を当てることが要求され、早川社長はこれに反対し国・県と調整がつかず、38 年３月全理事が辞任、後に早川社長を除く全理事が再任された。

群馬社の不幸は、１年かけてようやく社長を探し得て、僅か２年半でまた社長を失ってしまったことである。社長不在の中、勢多郡富士見村出身の桑島定助理事の献身的活躍や後任社長探しが注目される（注 23）。

三代目社長に後閑祐次（1938 年８月１日～ 42 年３月）が就任し、堅実な経営が推進されるが、負債処理のため 39 年８月、安中工場を長野県天竜社に売却、41 年には、38 年の水害で操業中止の東毛工場を売却した。

1942 年（昭和 17）６月８日には、統制令により群馬社は南三社等と合併し、保証責任群馬県繭糸販売組合連合会（県糸連）に統合され、会長には碓氷社社長新井高四郎が就任、後閑社長は退任となる（注 24）。

県糸連に統合以降　県糸連に統合された９工場は群馬社の前橋、沼田工場、碓氷社の原市、室田、中之条、長尾工場、甘楽社の富岡、藤岡工場、下仁田社の下仁田工場であった。

1943 年４月日本蚕糸製造株式会社が創設され、群馬県蚕糸連はこの傘下に統合され、1944 年３月群馬県蚕糸連は解散となる。同年前橋工場（元群馬社本社工場）は東京芝浦の沖電気に売却となるが、45 年８月の空襲で全焼する。

戦後、1946 年２月 10 日群馬県蚕糸製造株式会社（群蚕）が設立され、代表取締役に小板橋又治、取締役に竹腰徳蔵、山本栄四郎、小金沢喜与治、桜井朝雄、深津柳一、斉藤玄志、新井淑、大山福次ほか２名が就任した。南三社の主要工場であった原市、中之条、下仁田、室田の４工場で操業を開始する（注 25）。

1946 年（昭和 21）には原市工場 9080 斤、室田工場 12260 斤の生糸（21 中）を生産、47 年四工場で糸格 2A 格の成績を得て 21 万 3400 斤の生糸が生産された。

1967 年（昭和 42）グンサン株式会社に改名、2000 年（平成 12）に解散となる。

注

（１）建議の具体化である群馬社創立は百済知事の独創か、小泉信太郎議員の献策か、第三者か不明、群馬県議会事務局『群馬県議会史』第４巻 1956 年 1893 頁。

（２）群馬社社長の推薦条件、前掲『群馬県議会史』第４巻 1893 ～ 97 頁。

（３）大久保佐一の社長就任の条件、前掲『群馬県議会史』第４巻 1894 頁。

（４）群馬社設立計画書の目標と結果、前掲『群馬県議会史』第４巻 1894 頁。

（５）1936 年頃の多条繰糸機導入は、他の組合製糸同様、農林省の補助金によると思われる。南三社の多条繰糸機導入、本稿第二章２節参照。

（６）原富岡製糸所の工女の聞き取り。前掲『富岡製糸場誌』1178 頁。

（７）群馬郡元総社村出身の詩人、伊藤信吉は 1937 年（昭和 12）２月『地方文化』１号で群馬社の労働環境について触れている。「…女工さん達はその七割までが県内の人で、残り三割が新潟・山形（ママ）・長野から集まってきている。どうかすると、これはと思われるような小さい娘を見かけるが、成程小さい訳で、そういう娘さんは十四才から十五才なのだ。それに農村の人々は都会の人に比して身体の発育がずっと遅い。だから余計に小さい印象をうけ、これで郷里を離れているかと思うと傷々しい。卒業は尋六卒が八割を占めている。一番多いのが十八才から二十才までで、二十三・四才になると何故か仕事の能率が下がるとのことだ。若い娘の世界といわれる所以だ。収入は最低が一日二十五銭位で、稀に１円を超える者もある。…強制貯金を行い、それに１銭８厘の利…景気の良かった時代には相当の金を持って帰国する者もいたが、今では多い者で三百円から二百円、それ以下の者が大部分だろう。しかし極度に安い養成工でありながら、三・四十円の金を貯める者もあるとか、これなどその忍耐力と貯蓄心に感心させられると同時に、その郷里の生活がどれだけ暗いかを思わせて、暗たんとさせられる。」作業時間は 11 時間。休日は第１・第３日曜で、平日でも仕事が終われば外出は自由に許されている。娯楽施設はピンポン・ラジオ・ラジオ体操など。教育は、精神講話の他、毎晩の裁縫は強制的、作法・国語・算術などの自由教育も行われている。病気は食べ過ぎのためか胃腸病多い。『前橋市史』第５巻 1676 ～７頁。

（８）原蚕種製造所設置と優良蚕種の生産、前掲『前橋市史』1594 頁。

（９）群馬社「養蚕改良指針」、『群馬県史』資料編 23 巻 703 頁。

(10) 高格糸の生産、前掲『前橋市史』1594 頁～ 95 頁 (原典：群馬社事業報告) より。

(11) 前掲『前橋市史』第 244 表より、1595 頁。

(12) セリプレーン検査実施、前掲『前橋市史』1979 年、1594 頁。

(13) 群馬社蚕種騒動詳報、『群馬県史』資料編 23 巻 705 ～ 708 頁。

(14) 群馬社事件、『群馬県蚕糸業史』上巻、前掲『前橋市史』参照。

(15) 早川直瀬は、政友会の中島知久平とも親交があり国政研究会に参加していた。前掲『製糸の街前橋を築いた人々』2018 年、282 ～ 284 頁。

(16) 群馬社監査報告および更正案、『群馬県史』資料編 23 巻 708 ～ 713 頁。

(17) 群馬社刷新について、前掲『群馬県蚕糸業史』1955 年、760 ～ 762 頁

(18) 大久保の組合製糸改革論。大久保佐一「経済講座」(一) ～ (四)「上毛新聞」1929 年 10 月 19 ～ 23 日。

(19) 震災後の原合名会社の巨額負債、松村敏『前掲書』1992 年、343 ～ 363 頁。

(20) 組合製糸群馬社の展望論大久保佐一「経済講座」(四)「上毛新聞」1929 年 10 月 23 日。農業経済学者の近藤康男は組合製糸と営業製糸の特約組合について『協同組合原論』で次のように触れている。大日本生糸販売組合連合会は、1933 年 (昭和８)、産業組合拡充五ヶ年計画を開始。31 年取扱高３万５千俵 (加入組合生産高５万５千俵)を５年間に取扱高10 万俵(組合生産高 11 万俵)に高めニューヨークに出張所を設けて直輸出をもくろんでいる。共同計算を 33 年から開始している。また、1930 年に代表される数次の経済恐慌によって営業製糸の特約組合は変質し、①正量取引は価格変動の危機転嫁組織となり②自由市場を衰弱させて養蚕農家を製糸場原料部の出来高労働者にしてしまうと指摘する。これに対抗するために、特約組合を養蚕実行組合化することや組合製糸・供繭組合に期待する。しかし組合製糸は資金的に脆弱で製糸業法の制約があると論ずる。近藤康男『協同組合原論』1934 年、近藤康男著作集第５巻 1974 年 178~180 頁。

(21) 三蚕期養蚕と稲麦・養蚕複合経営について、田中修「前橋の養蚕」・前橋商工会議所編『製糸の都市前橋を築いた人々』2018 年、152 ～ 167 頁。

(22) 群馬県は稲麦総合生産力で 1935 年から 39 年に全国高位に入り、1951 年から 55 年に全国第１位となる。田中修『稲麦・養蚕複合経営の展開』７頁。

(23)「桑島定助翁を語る座談会」の五十嵐吉蔵、後閑祐次発言参照、深沢信三 『桑島定助素象』1965 年。

(24) 群馬県内組合製糸の 1942 年県糸連への統合、日本蚕糸製造株式会社への統合について、『群馬県信連史』1968 年 114 ～ 121 頁参照。

(25) グンサンの詳細は『安中市史』第２巻 1021 ～ 22 頁。

まとめ

日本を代表する優等糸、高格糸を生産する富岡製糸所の大久保佐一所長が、昭和の組合製糸群馬社の社長に就任した意図を、彼を取り巻く環境・時代背景から考えてみた。大久保社長の置かれた客観的立場を明確にするため、環境設定を広く捉えてみた結果、群馬社部分がやや割愛された。しかし、テーマ「大久保佐一と群馬社」のとおり群馬社創立の意義は、南三社の刷新、アメリカ女性用靴下の高格糸生産をめぐる経営・技術革新、蚕糸業生産力の量的・質的発展が複雑に関連している事が分かった（注１）。

それは、大久保佐一と群馬社をめぐる当時の社会・経済的環境が著しく変動している事情を無視できないことである。①この時期、蚕糸業では、経済恐慌が繰り返され、中小製糸家は整理されつつあり独占が台頭する時代である。②米国絹業では織物用から女性用靴下に生糸需要が変化し、より高級な生糸・高格糸が求められた。③そして明治以来の群馬の組合製糸は、自力での刷新が進まず停滞状態にあった。④大久保自身も富岡製糸や名古屋製糸所を経営していても展望が明確に描けないでいた。⑤原合名会社も横浜での震災の影響が大きく、輸出生糸格付検査法成立の下で、生糸輸出の展望は必ずしも明るいものとは言えない状況であった（注２）。

大久保佐一は、県や県会等の要請を受けて組合製糸群馬社社長の就任を選んだ。蚕糸業情勢が極めて困難な中、製糸家は養蚕家・蚕種家と連携強化して、経営・技術革新を図る道として農民資本の組合製糸群馬社を選択したのである。厳しい環境の中で台頭する郡是、片倉などの独占企業に対抗できる唯一の道であったと考える。

大規模集中型工場は、養蚕農民を製糸（＝繭加工・農家の副業）から切り離すことになるが、多回育で良質の繭供給者として扱う新しいシステムへの挑戦であった。

大久保は、常日頃から蚕糸業の発展は、養蚕家、蚕種家、製糸家の連携を強く指摘していた。県監査の指摘のとおり、組織運営の基本（組合民主主義＝組合員１人１票制）が疎かにされ、総会での代議員制による幹部と組合員の直接的意見交換の欠如などを含め、大規模単体組合の弱点が社会問題化してしまった。大久保には気の毒であるが（名古屋、横浜、前橋・富岡、列車の中各４分の１と多忙な生活）、この様な環境の中でも、群馬社の安中進出問題や養蚕家・中小蚕種家等への配慮や彼らとの意思疎通は、極めて重要で必要不可欠のことである。

地域農業との関係では、供繭組合を通して年３回の養蚕（春、初秋、晩秋蚕）が行われていたが、そのための計画的な桑園形成や改植、育苗が養蚕組合等で検討されている。また養蚕と耕種部門との農作業調整が計画的に行われ、集約的な複合経営（多角化）の生産力向上が図られた。

群馬社の新しい挑戦と実践の教訓は、その後の碓氷社を始めとする南三社の歩み(結果的には南三社も大規模集中型工場制や普通蚕種の直営を推進)を見れば、彼の選択した方向が間違いではなかったことが明白である（注3）。

しかしながら、昭和初期、経済恐慌後の経営難のなか組合員の不信は高まり、大久保の経営展望論が十分理解されないまま（明解に説明されていない）、道半ばにして去ったことは誠に遺憾である。

富岡製糸場が稼働した115年の歴史において、大久保佐一は最もよく闘った経営者であった。特に大久保所長の24年間は、原合名会社製糸部では、優等糸、高格糸の生産のため富岡製糸所の経営・技術革新を大胆に進めると共に、地域に深く関わりを持ち組合製糸群馬社社長（7年9カ月）では経営基盤を確立し、途中挫折したが群馬県や日本蚕糸業の発展に大きな貢献をもたらした。

大久保が描いた組合製糸の経営刷新の構想は、後に、1942年の統制令により群馬社は南三社等と合併し保証責任群馬県繭糸販売組合連合会（＝県蚕糸連）に統合され、さらに1943年日本蚕糸製造株式会社が創設されると群馬県蚕糸連はこの傘下に統合される。戦後は、1946年２月群馬県蚕糸製造株式会社（＝群蚕、後のグンサン㈱）が設立され、組織形態は変更されたが（組合製糸から株式会社へ）、その精神は引き継がれ、戦後の群馬県蚕糸業の復興と振興を支えたと考える。

注

（1）この時期、米国生糸市場の需要は、織物用優等糸から靴下用高格糸へ替わった。原富岡製糸所は、一代交雑種の普及や多条繰糸機の導入に先進的に取り組み、靴下用高格糸の生産でも県内外で重要な役割を果たしてきた。郡是・片倉などの大規模営業製糸は、蚕種の直営生産や多条繰糸機の導入、特約組合の拡大でトラスト的経営を強化して、高格糸生産の拡大を進めた。これに対抗して大久保は、蚕種・養蚕・製糸家の技術的連携で、新しい大型組合製糸・群馬社の発展を目指した。

（2）蚕糸業の恐慌対策については、大正期は生糸を中心とした価格対策で第１次、第２次帝国蚕糸株式会社による買い取り、生産対策では自主的釜数制限などによる一時的な対応であった。1927年（昭和２）農林省に蚕糸局が設置され蚕糸行政が強化され、32年製糸業法、34年原蚕種国家管理法、36年産繭処理統制法、

37 年糸価安定施設法などの法律整備により総合的な恐慌対策（統制）が進められた。平岡謹之助『蚕糸業統制の研究』1941 年参照。このような蚕糸業の恐慌対策のなかで、注目されたのは 郡是・片倉の独占企業の台頭と組合製糸の進展、蚕種業の再編、売込問屋の後退であった。売込問屋については、井上鐵三『蚕糸統制論』1935 年参照。

（3）群馬社は、1934 年（昭和 9）大久保佐一という強力な指導者を失ったが、その後の 2 度の社長不在期間を経て、一時的には組合員数や生糸生産額の減少も見られたが 3 代目後閑祐次社長らの奮闘で、1939 年頃には組合員数や蚕種や生糸生産額の増加が見られた。

あとがき

本稿『大久保佐一と組合製糸群馬社』を書くに当たって、より客観的に群馬社と大久保を論ずるため彼を取り巻く社会・経済的環境をやや広く設定した。台頭する郡是、片倉製糸らの独占資本に対抗できる新しい大規模集中型の組合製糸の創立を成功させるためには、議会資料で触れているように社長適任者の条件からして大久保以外、県内外に適切な人物は見当たらなかったと思われる。

２代目社長の早川直瀬は、前橋市出身で札幌農学校卒の著名な農業経済学者であり、今日でも注目される名著をたくさん残しているが、製糸所の経営者には、あまり向いていなかった。３代目の後閑祐次社長は、人望も厚く、堅実な経営で群馬社の立て直しに良く奔走したと思われる。社長不在の期間も長く、富士見村出身の桑島定助理事の活躍も注目される。以上三氏については『製糸の都市前橋を築いた人々』前橋商工会議所の人物編を参照して欲しい。統制による統合までの 15 年間、特別良好という状況ではなかったが、県央の養蚕農民・組合員の生活を支えた群馬社の存続に健闘をたたえたい。群馬社は一時の夢か、失敗かと言った議論、特に「群馬社事件」との関係からの議論にはこの様な考えが多いが、これはやや短絡的な答えの出し方であると思われる。

群馬社の経営実態については、一次資料にあまり触れることができなかったのは残念である。

当時の状況から察すると、恐慌時でも利益を上げ続ける独占資本に対抗するのは難しいと考えるのが大勢であったと思う。しかし、組合製糸の刷新や改革、新しい組合製糸に期待する養蚕農家、蚕種家、産業組合関係者、学者・研究者、進歩的な官僚・役人も少なからずいたのではないかと思う。当時県内で発刊（1932 年 12 月～ 36 年 12 月号、伊勢崎）された『蚕糸公論』に登場するさまざまな組合製糸関係者らには、このことを強く感ずる。

結びに、大久保佐一や群馬社に関係した写真の掲載については、伊勢崎市の小林茂宣氏（当時の原富岡製糸所や群馬社と取引関係にあった蚕種家・小林多一郎家の子孫）に快諾を頂き、ご厚意に感謝したい。

田中　修

2022 年 6 月吉日

<参考・引用文献>

馬場光三『上毛産業組合史』産業組合中央会群馬支会　1929 年
星野元治「製糸蚕業組合改善論（一）（二）（三）」『蚕糸公論』1933 年（2、3、4月号）
大日本蚕糸会『日本蚕糸業史』第 2 巻　1935 年
井上鎧三『蚕糸統制論』1935 年
森川良雄「大久保佐一物語（一）（二）（三）」『蚕糸公論』 1935 年（1、2、3月号）
平岡謹之助『蚕糸業統制の研究』有斐閣　1941 年
『片倉製糸紡績株式会社二十年誌』 1941 年
馬場啓之助編『蚕糸業の経済的分析』農林省農業総合研究所研究叢書 11 号　1950 年
『群馬県蚕糸業史』上巻　1955 年、下巻　1954 年
『群馬県議会史』第 4 巻　1956 年
『日本織維業史』総論編　1958 年、各論編　1958 年
『郡是製糸株式会社六十年史』 1960 年
深沢辰平『桑島定助　素象』 1965 年
群馬県信用農業協同組合連合会『群馬県信連史』 1968 年
石井寛治『日本蚕糸業史分析』東京大学出版会　1972 年
大日本蚕糸会信濃支会『信濃蚕糸業史』下巻　1975 年
『富岡製糸場誌』上　1977 年、下　1977 年
日本農業研究会編『蚕糸業問題徳輯』 1977 年
小野征一郎「製糸独占資本の確立」安達良雄編『両大戦間の日本資本主義』東京大学出版会 1979 年
瀧澤秀樹『日本資本主義と蚕糸業』未来社　1979 年
茂木志郎編『甘楽富岡地区農業協同組合百年史』 1980 年
大島栄子「1920 年代における組合製糸の高格糸生産」『歴史学研究』第 486 号　1980 年
『前橋市史』第 5 巻　1984 年
宮崎俊弥「昭和の組合製糸群馬社（上）（下）」『群馬県史研究』18 号 1983 年、19 号 1984 年
『群馬県史』通史編 8 巻 1989 年、資料編 23 巻　1985 年
『群馬の生糸』みやま文庫 101　1986 年
平野正裕「1920 年代の組合製糸」『地方史研究』第 29 巻 2 号　1988 年
高梨健司「1930 年代の片倉・郡是製糸の高級糸市場における地位」『土地制度史学』31 巻 3 号　1989 年
田中修『稲麦・養蚕複合経営の史的展開』日本経済評論社　1990 年
松村敏『戦間期日本蚕糸業史研究』東京大学出版会　1992 年
嶋崎昭典『製糸夏季大学 50 周年記念誌』 1997 年
田島弥太郎『我が輩は蚕である』日本絹の里　2000 年
『安中市史』第 2 巻通史編 2003、第 6 巻資料編　2004 年
榎　一江『近代製糸業の雇用と経営』吉川弘文館　2008 年

藤本實也『原三渓翁伝』思文閣出版　2009年

清川雪彦『近代製糸技術とアジア』名古屋大学出版会　2009年

田中雅孝『両大戦間期の組合製糸』御茶ノ水書房　2009年

大野彰「アメリカ市場で日本産生糸が躍進した理由について」『京都学園大学経済学部論集』19巻2号　2010年

永瀬順弘「1930年代前半におけるアメリカ絹靴下工業の動向」『桜美林論考』　2010年

田中雅孝「両大戦間期・下伊那地方の組合製糸と地域経済」『農業史研究』第46号　2012年

大野彰「緒の作り方が製糸業の収益性と市場を決めた」『京都学園大学経済学部論集』23巻1号　2013年

上山和雄『日本近代蚕糸業の展開』日本経済評論社　2016年

石井寛治「近代世界市場における日本生糸」・高崎経済大学地域科学研究所編『富岡製糸場と群馬の蚕糸業』日本経済評論社　2016年

田中修「原富岡製糸場の経営・技術革新」前掲『富岡製糸場と群馬の蚕糸業』　2016年

田中修「前橋の養蚕」前橋商工会議所『糸の都市前橋を築いた人々』上毛新聞社　2018年

平野正裕「原富太郎と日本蚕糸業の発展」『郷土神奈川』58号　2020年

群馬県立世界遺産センター『群馬県立世界遺産センター紀要』第2号　2022年

田中　修／たなか・おさむ

群馬県農業問題研究会長

群馬県渋川市生まれ。九州大学大学院博士課程修了、農学博士（農政経済学）。元県農業担当理事兼農業局長、元群馬県スローフード協会理事長。元放送大学非常勤講師。

自著：『稲麦・養蚕複合経営の史的展開』『食と農とスローフード』『老農船津伝次平の農法変革論』『老農・船津伝次平の養蚕法』

共著：『富岡製糸場と群馬の蚕糸業』『製糸の都市前橋を築いた人々』『沼田藩真田用水群の魅力』

創刊の辞

前橋に市制が敷かれたのは、明治 25 年（1892）4 月 1 日のことでした。群馬県で最初、関東地方では東京市、横浜市、水戸市に次いで四番目でした。

このように早く市制が敷かれたのも、前橋が群馬県の県庁所在地（県都）であった上に、明治以来の日本の基幹産業であった蚕糸業が発達し、我が国を代表する製糸都市であったからです。

しかし、昭和 20 年 8 月 5 日の空襲では市街地の 8 割を焼失し、壊滅的な被害を受けました。けれども、市民の努力によりいち早く復興を成し遂げ、昭和の合併と工場誘致で高度成長期には飛躍的な躍進を遂げました。そして、平成の合併では大胡町・宮城村・粕川村・富士見村が合併し、大前橋が誕生しました。

近現代史の変化の激しさは、ナショナリズム（民族主義）と戦争、インダストリアリズム（工業主義）、デモクラシー（民主主義）の進展と衝突、拮抗によるものと言われています。その波は前橋にも及び、市街地は戦禍と復興、郊外は工業団地、住宅団地などの造成や土地改良事業などで、昔からの景観や生活様式は一変したといえるでしょう。

21 世紀を生きる私たちは、前橋市の歴史をどれほど知っているでしょうか。誇れる先人、素晴らしい自然、埋もれた歴史のすべてを後世に語り継ぐため、前橋学ブックレットを創刊します。

ブックレットは研究者や専門家だけでなく、市民自らが調査・発掘した成果を発表する場とし、前橋市にふさわしい哲学を構築したいと思います。

前橋学ブックレットの編纂は、前橋の発展を図ろうとする文化運動です。地域づくりとブックレットの編纂が両輪となって、魅力ある前橋を創造していくことを願っています。

前橋市長　山本　龍

前橋学ブックレット㉚

大久保佐一と組合製糸群馬社

発 行 日／2022年10月26日 初版第1刷

企　　画／前橋学ブックレット編集委員会

〒371-8601　前橋市大手町2-12-9　tel 027-898-6994

著　　者／田中　修

発　　行／上毛新聞社営業局出版編集部

〒371-8666　前橋市古市町1-50-21　tel 027-254-9966

ISBN 978-4-86352-318-0

ブックデザイン／寺澤　徹（寺澤事務所・工房）

前橋学ブックレット〈既刊案内〉

❶日本製糸業の先覚 速水堅曹を語る（2015 年）
石井寛治／速水美智子／内海　孝／手島　仁　ISBN 978-4-86352-128-5

❷羽鳥重郎・羽鳥又男読本 ―台湾で敬愛される富士見出身の偉人―（2015 年）
手島　仁／井上ティナ（台湾語訳）　ISBN 978-4-86352-129-2

❸剣聖　上泉伊勢守（2015 年）
宮川　勉　ISBN 978-4-86532-138-4

❹萩原朔太郎と室生犀星 出会い百年（2016 年）
石山幸弘／萩原朔美／室生洲々子　ISBN 978-4-86352-145-2

❺福祉の灯火を掲げた 宮内文作と上毛孤児院（2016 年）
細谷啓介　ISBN 978-4-86352-146-9

❻二宮赤城神社に伝わる式三番叟（2016 年）
井野誠一　ISBN 978-4-86352-154-4

❼楫取素彦と功徳碑（2016 年）
手島　仁　ISBN 978-4-86352-156-8

❽速水堅曹と前橋製糸所 ―その「卓犖不羈」の生き方―（2016 年）
速水美智子　ISBN 978-4-86352-159-9

❾玉糸製糸の祖　小渕しち（2016 年）
古屋祥子　ISBN 978-4-86352-160-5

❿下馬将軍 酒井雅楽頭の菩提寺　龍海院（2017 年）
井野修二　ISBN 978-4-86352-177-3

⓫ふるさと前橋の刀工 ―古刀期～近現代の上州刀工概観―（2017 年）
鈴木　叡　ISBN 978-4-86352-185-8

⓬シルクサミット in 前橋 ―前橋・熊本・山鹿・宇都宮・豊橋―（2017 年）
前橋学センター編　ISBN 978-4-86352-189-6

⓭老農・船津伝次平の養蚕法（2017 年）
田中　修　ISBN 978-4-86352-193-3

⓮詩のまち　前橋（2018 年）
久保木宗一　ISBN 978-4-86352-215-2

⓯南橘地区の筆子塚からみる庶民教育（2018 年）
南橘地区歴史文化活用遺産委員編　ISBN 978-4-86352-225-1

⓰上川淵地区の伝統行事と祭り（2018 年）
上川淵地区郷土民俗資料館編　ISBN 978-4-86352-229-9

⓱富士見かるた（2018 年）
富士見地区歴史文化遺産活用委員編　ISBN 978-4-86352-230-5

⓲下川淵カルタ（2019 年）
下川淵地区歴史文化遺産活用委員編　ISBN 978-4-86352-235-0

⓳前橋の旧町名（2019 年）
町田　悟　ISBN 978-4-86352-240-4

⓴前橋市と古利根川［上巻］ 先史利根川と古代利根川（2019 年）
小野久米夫　ISBN 978-4-86352-241-1

㉑前橋市と古利根川［下巻］ 中世根川と近世利根川（2019 年）
小野久米夫　ISBN 978-4-86352-243-5

㉒山王廃寺は放光寺（2020 年）
松田　猛　ISBN 978-4-86352-266-4

㉓酒井忠清 申渡状を繙く（2020 年）
野本文幸　ISBN 978-4-86352-271-8

㉔赤城南麓の覇者が眠る大室古墳群（2020 年）
前原　豊　ISBN 978-4-86352-272-5

㉕前橋台地Ⅰ その成り立ちと旧石器・縄文時代（2020 年）
梅沢重昭　ISBN 978-4-86352-276-3

㉖教育者・井上浦造（2021 年）
大﨑厚志　ISBN 978-4-86352-290-9

㉗藩営前橋製糸所とスイス・イタリア（2021 年）
前橋学センター編　ISBN 978-4-86352-291-6

㉘引っ越し大名 松平大和守家（2021 年）
松平直孝・庭野剛治　ISBN 978-4-86352-298-5

㉙前橋空襲・復興と戦争体験記録シリーズ｜1｜（2021 年）
前橋学ブックレット編集委員会編　ISBN 978-4-86352-304-3

各号 定価：660 円（本体 600 円 + 税）